AF331046

PHYSIQUE ÉLÉMENTAIRE
(ACOUSTIQUE, OPTIQUE, ÉLECTRICITÉ)

ACOUSTIQUE

CHAPITRE I

PRODUCTION ET PROPAGATION DU SON

1. Définitions. — Le nerf qui se ramifie dans les différentes parties de l'oreille interne, le *nerf acoustique*, est un nerf de sensibilité spéciale, incapable de transmettre au cerveau d'autres sensations que des *sensations sonores*. La cause habituelle de ces sensations est le son, et on donne le nom de *corps sonore* à tout corps qui rend ou peut rendre un son.

2. Mouvement vibratoire. — Production du son. — Toute production d'un son résulte d'un *mouvement vibratoire* d'un corps, c'est-à-dire d'une série

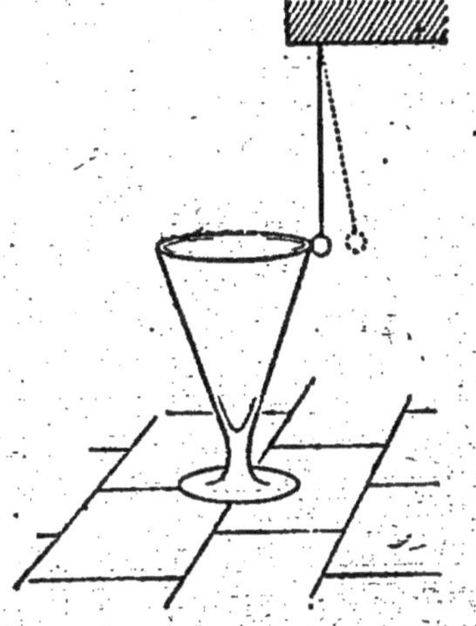

Fig. 1. — Expérience montrant qu'un corps sonore vibre.

continue de déplacements des molécules de part et d'autre d'une position d'équilibre.

Pour montrer que tout corps sonore vibre, on dispose contre un verre à pied, de préférence en cristal, une bille soutenue par un fil fixé à un support (*fig.* 1). Si on ébranle le verre, par exemple en le frappant avec la lame d'un couteau, on entend un son et on voit en même temps la bille s'écarter et se rapprocher du verre jusqu'à ce que le son soit éteint.

Dans l'expérience que nous venons d'exposer, les vibrations ne sont pas visibles. On peut les mettre en évidence en prenant une verge d'acier fixée verticalement dans un étau (*fig.* 2), sa position d'équilibre est AB. Infléchissons cette verge avec le doigt, de manière à l'amener dans la position A'B, et abandonnons-la à elle-même : en vertu de son élasticité, elle tend à revenir à sa position d'équilibre, s'en rapproche avec une vitesse croissante, la dépasse en vertu de la vitesse acquise et, par un mouvement qui se ralentit, arrive jusqu'en A"B, qui est sensiblement symétrique de A'B. En A"B, la verge reste au repos pendant un instant très court pour revenir vers A'B, et ainsi de suite ; mais, à cause de la résistance de l'air, elle s'écarte de moins en moins de AB et finit par s'arrêter dans cette position.

Fig. 2.—Mouvement vibratoire d'une verge d'acier.

L'ensemble d'une allée et d'un retour de la verge se nomme une *vibration complète* ou, simplement, une *vibration*. L'angle que font entre elles deux positions extrêmes A'B et A"B de la verge s'appelle l'*amplitude* du mouvement vibratoire.

Si l'on répète plusieurs fois l'expérience en diminuant chaque fois la longueur de la partie vibrante, les vibrations deviennent de plus en plus rapides et l'on cesse bientôt de les distinguer autrement que par une sorte de gonflement de l'extrémité libre. A un moment donné, il y a production d'un son.

On peut faire la même observation avec une corde tendue horizontalement entre deux chevalets (*fig.* 3). Si on l'écarte de sa position d'équilibre et qu'on l'abandonne à elle-même, elle y revient par une suite de vibrations très

Fig. 3. — Mouvement vibratoire d'une corde.

rapides qui la font apparaître comme renflée en son milieu ; en même temps, des petits cavaliers de papier disposés le long de la corde subissent des mouvements très vifs et sont même renversés.

3. Milieux qui propagent le son. — Le son, étant produit par le mouvement vibratoire d'un corps sonore, ne peut parvenir à l'oreille que par l'intermédiaire d'un corps élastique capable de vibrer comme le corps sonore et de transmettre ainsi le mouvement de proche en proche. D'après cela, le son se propage plus ou moins facilement dans tout milieu élastique (gaz, liquide ou solide). Prenons un ballon de verre à robinet contenant une petite sonnette suspendue par un cordon de cuir fixé lui-même à une tige de laiton (*fig.* 4). Tant que le ballon est plein d'air

Fig. 4. — Expérience montrant que le son ne se propage pas dans le vide.

sous la pression ordinaire, il suffit de l'agiter pour entendre la sonnette ; mais si l'on raréfie suffisamment l'air qu'il renferme, on n'entend plus aucun son. On conclut de cette expérience que *le son ne se propage pas dans le vide.*

4. Vitesse du son dans l'air. — *La propagation du son n'est pas instantanée.* L'éclair et le tonnerre se produisent en effet simultanément, et cependant on n'entend le tonnerre qu'un certain temps après que l'on a vu l'éclair.

D'autre part, l'observation et l'expérience ont montré que *le mouvement de propagation du son est uniforme,* c'est-à-dire que le son parcourt des espaces égaux en des temps égaux. L'espace, toujours le même, que parcourt le son en une seconde dans un milieu élastique qui le transmet, s'appelle la *vitesse du son* dans ce milieu.

La détermination de la vitesse du son dans l'air repose sur le principe suivant. Soient deux stations A et B situées à une distance déterminée d. A la station A on produit simultanément, à l'aide d'une arme à feu, un son et un signal lumineux. Comme la lumière se propage avec une vitesse d'environ $300\,000^{\text{km}}$ par seconde, on peut admettre que le signal lumineux apparaît au moment même où le coup part à un observateur posté en B ; l'intervalle t secondes qui sépare le moment où ce dernier voit le signal de celui où il entend le son représente le temps qu'a mis le son pour parcourir la distance d. Le mouvement du son étant uniforme, sa vitesse de propagation est $v = \dfrac{d}{t}$.

Les expériences anciennes les plus précises sur la vitesse du son ont été exécutées par le *Bureau des longitudes* en 1822. Les membres de ce Bureau se divisèrent en deux groupes : l'un s'établit sur les hauteurs de Villejuif, l'autre sur les hauteurs de Montlhéry. De 5 minutes en 5 minutes un coup de canon était tiré alternativement à chacune des deux stations.

et les observateurs de l'autre station notaient, avec des chronomètres très précis, le temps qui s'écoulait entre l'apparition de la lumière au moment de l'explosion et l'audition du bruit. La moyenne des temps employés par le son pour aller de Villejuif à Montlhéry, et réciproquement, fut trouvée égale à $54^{sec},6$. Comme la distance entre les deux stations était $18\,613^m$, on obtint $\dfrac{18\,613}{54,6}$ ou $340^m,9$ pour la vitesse du son à la température moyenne des expériences, température qui était d'environ $16°$.

La principale cause d'erreur des expériences faites ainsi est que le temps écoulé entre le moment où une impression naît à l'oreille et le moment où l'on a conscience de cette impression, au point de la noter sur un chronomètre, est variable d'un observateur à l'autre. Dans les expériences modernes, l'instant de l'explosion et l'arrivée du son sont enregistrés automatiquement, d'une façon très précise, par des procédés électriques. On a trouvé ainsi que la vitesse du son à $0°$ est 331^m.

La vitesse du son varie avec la température, elle augmente d'environ 62^{cm} par degré centigrade.

APPLICATION. — *A quelle distance se trouve-t-on d'un nuage orageux, sachant que l'on a entendu le bruit du tonnerre 10^{sec} après avoir vu l'éclair? La température est $10°$.*

La vitesse du son à $10°$ est $331 + 0,62 \times 10 = 337^m,2$; la distance cherchée est donc $337^m,2 \times 10 = 3\,372^m$.

5. Mode de propagation du son dans l'air. — Pour se faire une idée du mécanisme de la propagation du son dans l'air, il suffit d'observer ce qui se passe quand une pierre tombe dans une nappe d'eau tranquille ; on voit naître une série de cercles concentriques alternativement surélevés et affaissés, qui s'étendent lentement. Il faut bien remarquer qu'il n'y a pas transport du fluide : un corps léger, tel qu'un bouchon, posé en un point de la nappe d'eau, reste toujours sensiblement à la même place ; il ne fait qu'éprouver un petit mouvement de va-et-vient, en se soulevant et s'enfonçant alternativement.

Lorsqu'un son se produit dans l'air, les vibrations du corps sonore ébranlent ce milieu élastique et se transmettent de proche en proche d'une façon analogue. Les couches d'air ébranlées ainsi à la suite les unes des autres, autour du point où se produisent les vibrations, ont reçu le nom d'*ondes sonores*. Ici encore, il n'y a pas transport du fluide : chacune des couches ébranlées exécute simplement des mouvements de va-et-vient, semblables à ceux qui constituent le mouvement vibratoire du corps qui produit le son.

6. Propagation du son par les liquides. — Les liquides transmettent le son mieux que les gaz. Un plongeur entend très distinctement un son produit dans l'eau et cela même à une assez grande distance. La vitesse du son dans l'eau a été déterminée par Colladon et Sturm en 1817, au moyen d'expériences faites sur le lac de Genève. Ils ont trouvé 1435 mètres par seconde.

La figure 5 représente la disposition adoptée dans ces expériences. Deux bateaux étaient amarrés à une distance connue l'un de l'autre (13 487^m). Le premier portait à l'avant une cloche plongeant dans l'eau du lac, et un levier coudé, muni à sa base d'un battant, était disposé de façon que, au moment où ce dernier frappait la cloche, une mèche allumée fixée au levier vint enflammer un petit tas de poudre.

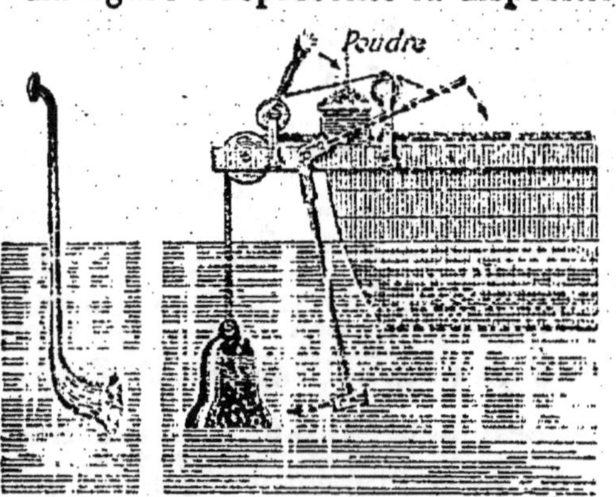

Fig. 5. — Détermination de la vitesse
du son dans l'eau.
(Disposition schématique).

Un observateur placé dans le deuxième bateau, écoutait le

son à l'aide d'un cornet acoustique dont le pavillon, immergé dans le lac, était fermé par une membrane tendue pour empêcher l'eau d'entrer.

7. Propagation du son par les solides. — Les solides transmettent le son plus facilement encore que les liquides. Tout le monde sait qu'en plaçant l'oreille contre terre on peut entendre à de grandes distances le roulement d'un train ou d'une voiture. Si l'on gratte très légèrement l'extrémité d'un table avec une plume ou une épingle, l'oreille appuyée contre l'autre extrémité perçoit très distinctement ce bruit.

Des expériences de Biot, faites dans des tuyaux en fonte, ont montré que la vitesse du son dans la fonte est 10 fois 1/2 plus grande que la vitesse du son dans l'air

RÉSUMÉ DU CHAPITRE I

Lorsqu'un corps élastique est écarté de sa position d'équilibre, il y revient en exécutant de part et d'autre de cette position une série d'oscillations rapides dont l'ensemble constitue un mouvement vibratoire. On appelle *vibration* le passage d'une position d'écart à la position symétrique et le retour à la position initiale : l'*amplitude* est l'angle que font les deux positions extrêmes.

Tout corps qui rend un son est animé d'un mouvement vibratoire ; on le démontre en ébranlant une verge fixée dans un étau, une corde fixée à ses deux extrémités.

Le son ne se propage pas dans le vide ; il se propage dans tout milieu élastique, et son mouvement de propagation est uniforme. La *vitesse* du son dans un milieu élastique est l'espace qu'il parcourt en une seconde dans ce milieu.

Pour déterminer la vitesse du son dans l'air, on note, d'une station B, l'intervalle qui sépare un signal lumineux et un son produits simultanément à une station A et on divise la distance AB par le temps noté.

Lorsqu'un corps émet un son dans l'air, il communique à l'air le mouvement vibratoire dont il est animé. Ce mouvement se transmet de proche en proche avec la vitesse de propagation du son.

Les liquides transmettent les sons mieux que les gaz. Dans les solides, la vitesse du son est encore plus grande.

EXERCICES SUR LE CHAPITRE I

1. On entend le bruit du tonnerre 12^{sec} après avoir vu l'éclair. A quelle distance se trouve-t-on de l'orage? La température est 15°.

2. Il s'est écoulé 5^{sec} entre l'instant où l'on a vu la fumée s'échapper d'une arme à feu et celui où l'on a entendu le bruit de l'explosion. La température est de 15°. A quelle distance se trouve-t-on du tireur?

CHAPITRE II

RÉFLEXION DU SON. — QUALITÉS DU SON

---

8. Réflexion du son. — Lorsqu'un son rencontre dans sa propagation un obstacle rigide, il revient sur lui-même en se propageant de nouveau en sens inverse ; de telle sorte qu'un observateur placé en avant de l'obstacle entend, outre le son primitif, un son identique qui semble émaner d'un second centre sonore placé de l'autre côté de l'obstacle ; on dit alors que le son s'est *réfléchi* sur l'obstacle.

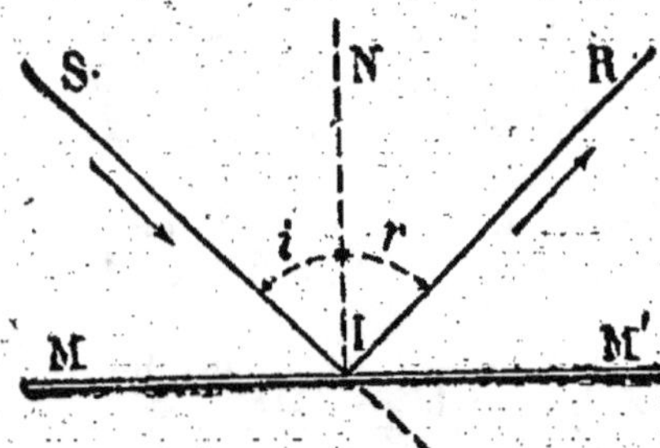

Fig. 6. — Réflexion du son.

Soit MM' (*fig.* 6) un obstacle contre lequel le son s'est réfléchi ; on appelle *rayon incident* la direction SI suivant laquelle le son se propage en venant de S, et *rayon réfléchi* la nouvelle direction IR suivie par SI après sa réflexion. Menons la normale IN au point d'incidence I. Elle détermine avec le rayon incident un plan qui est perpendiculaire à la surface réfléchissante :

c'est le *plan d'incidence*. L'angle que fait le rayon incident avec la normale est l'*angle d'incidence*; l'angle du rayon réfléchi avec la normale est l'*angle de réflexion*.

La réflexion du son est soumise à deux lois :

1° *Le son réfléchi est dans le plan d'incidence;*

2° *L'angle de réflexion est égal à l'angle d'incidence.*

La concentration du son par réflexion par les surfaces courbes peut être constatée sous les voûtes des ponts de pierre, les cryptes d'église, etc. Au Conservatoire des Arts et Métiers, il existe une salle à voûte elliptique : deux personnes placées aux foyers de la voûte et tournées vers le mur peuvent entretenir une conversation à voix basse sans être entendues par les personnes qui se trouvent dans l'intervalle.

9. Échos. — On donne le nom d'écho au phénomène de la répétition d'un son par suite de sa réflexion sur un obstacle.

Le son réfléchi est toujours en retard sur le son direct ; cela tient à ce qu'il doit parcourir un chemin plus long pour arriver à l'oreille. D'un autre côté, le nerf acoustique ne peut être impressionné par deux sensations sonores *brèves* consécutives que si elles sont séparées par un intervalle d'au moins $\frac{1}{10}$ de seconde. Pendant ce temps, le son parcourt $\frac{340}{10} = 34^m$ (340^m étant la vitesse du son à la température de $15°$). Cela posé, si un observateur émet un son bref, comme celui que produit un choc par exemple, à plus de 17^m d'une surface réfléchissante, il y aura écho, car le chemin parcouru par le son réfléchi sera supérieur à 34^m et la sensation du son direct sera éteinte quand le son réfléchi parviendra à son tour à l'oreille de l'observateur.

Si la distance à la surface réfléchissante est inférieure à 17^m, le son direct et le son réfléchi tendront à se confondre, et le premier se trouvera simplement renforcé : on dit qu'il y a *résonance*.

Remarque. — Le phénomène de la résonance est avantageux dans les salles de dimensions restreintes, car les sons réfléchis par les murs reviennent à l'oreille au bout d'un temps très court et se confondent sensiblement avec les sons directs correspondants, de sorte que la voix acquiert une ampleur qu'elle n'aurait pas à l'air libre. En revanche, les résonances sont généralement nuisibles dans les salles de grandes dimensions : l'impression produite sur le nerf acoustique se trouve prolongée par la réflexion sans profit pour l'intensité du son, et les échos qui succèdent aux sons émis peuvent même arriver à empiéter, pour l'auditeur, sur les sons suivants. On affaiblit les résonances en disposant le long des murs des tentures, des draperies ; ces corps réfléchissent mal le son et rendent les salles vastes moins retentissantes. Dans les théâtres, les églises, etc., les mauvais effets produits par la résonance sont atténués par les colonnes, les balustrades, les parties saillantes.

QUALITÉS DU SON

10. Intensité d'un son. — L'intensité d'un son est l'*énergie avec laquelle il impressionne le nerf acoustique.* Toutes choses égales d'ailleurs, l'intensité ne dépend que de l'*amplitude* du mouvement vibratoire qui produit le son. On le démontre facilement en se servant d'une corde vibrante (2) ; selon qu'on l'écarte plus ou moins de sa position d'équilibre, elle rend un son plus ou moins intense, tout en donnant toujours la même note musicale. L'expérience montre que l'oreille d'un observateur, placée successivement à des distances 1, 2, 3,... d'un corps sonore, reçoit des quantités d'énergie vibratoire qui sont entre elles comme $1, \frac{1}{4}, \frac{1}{9}...$;

on en conclut que pour une amplitude déterminée, *l'intensité varie en raison inverse du carré de la distance au corps sonore.*

Enfin, lorsqu'un corps sonore émet un son dans le voisinage d'un autre corps sonore, l'intensité du son est augmentée ; on dit alors qu'il est *renforcé*. Le son rendu par un diapason en vibration est très faible si l'instrument est tenu directement à la main : il est renforcé si le pied qui soutient le diapason est appuyé sur une table. C'est sur cette propriété que repose l'emploi des tables et des caisses d'harmonie dans les instruments à cordes.

On peut encore montrer le renforcement d'un son en présentant un diapason vibrant (11) à l'extrémité d'une éprouvette à pied (*fig.* 7). En versant peu à peu de l'eau dans l'éprouvette, on arrive à un moment donné à renforcer considérablement le son du diapason.

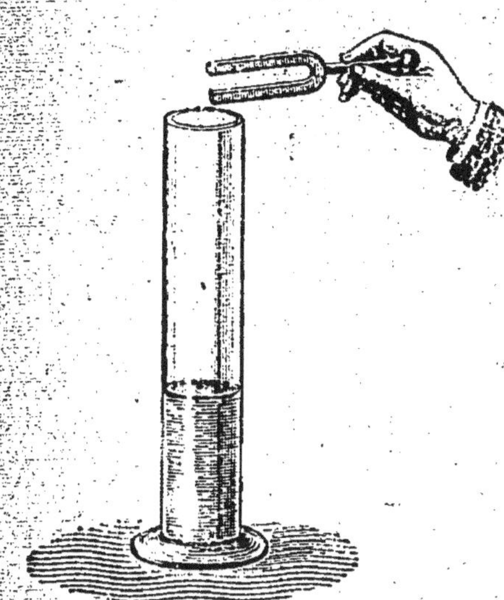

Fig. 7. — Renforcement d'un son.

Applications. — Les *tubes acoustiques,* qui sont malheureusement (¹) beaucoup employés encore dans les administrations et les maisons de commerce pour transmettre les ordres à distance, reposent sur la conservation de l'intensité du son

---

(¹) Ils ont été souvent funestes à ceux qui communiquaient continuellement avec un phtisique. Il est si facile maintenant de les remplacer par de petits téléphones.

dans les tuyaux. Ce sont des tubes en laiton (*fig.* 8), terminés à chacune de leurs extrémités par une partie flexible en caoutchouc et finalement par une embouchure évasée. Le tube peut faire un assez long parcours (on évite les coudes brusques), traverser plusieurs étages et de longs couloirs. Un sifflet qui s'emboîte dans chaque embouchure sert d'avertisseur. Quand on veut se servir d'un tube acoustique, on enlève le sifflet et on

Fig. 8. — Tube acoustique.

souffle fortement dans le tube de manière à faire résonner le sifflet placé à l'autre extrémité. Cet appel ayant été entendu, celui qui écoute enlève à son tour le sifflet et applique l'embouchure à son oreille, tandis que celui qui parle place sa bouche contre l'autre embouchure.

Les *porte-voix*, dont on se sert pour transmettre la voix à distance, sont des tubes en fer-blanc verni, légèrement coniques, se terminant d'un côté par un large évasement appelé pavillon, et à l'autre extrémité par une embouchure de forme spéciale dans laquelle on parle (*fig.* 9). Ils sont surtout usités dans la marine. — La colonne d'air qui remplit le porte-voix vibre à l'unisson du son émis dans l'embouchure et le renforcement ainsi produit remédie à l'affaiblissement que le son éprouve quand la distance augmente.

Fig. 9. Porte-voix.

Les *cornets acoustiques* sont destinés à suppléer au défaut de sensibilité de l'oreille en renforçant les sons. On leur donne des formes très diverses, dont

Fig. 10. Cornet acoustique.

la plus simple est celle d'un porte-voix renversé (*fig.* 10). Pour s'en servir, on introduit l'extrémité étroite dans l'oreille et on dirige le pavillon vers le point d'où viennent les sons que l'on veut entendre.

Enfin, on peut rattacher aux cornets acoustiques les *stéthoscopes*, employés en médecine pour étudier les mouvements du cœur, les bruits de la respiration, etc. Le plus simple consiste en un tube d'ébonite dont une extrémité est disposée de manière à pouvoir s'adapter à l'oreille et dont l'autre, plus ou moins évasée, s'applique sur les parties à ausculter.

11. Hauteur d'un son. — Diapasons. — La hauteur est la *qualité qui fait qu'un son est grave ou aigu.* C'est la qualité la plus importante du son. La hauteur d'un son dépend de la *rapidité* des vibrations, et elle est d'autant plus grande qu'il se produit un plus grand nombre de vibrations pendant l'unité de temps.

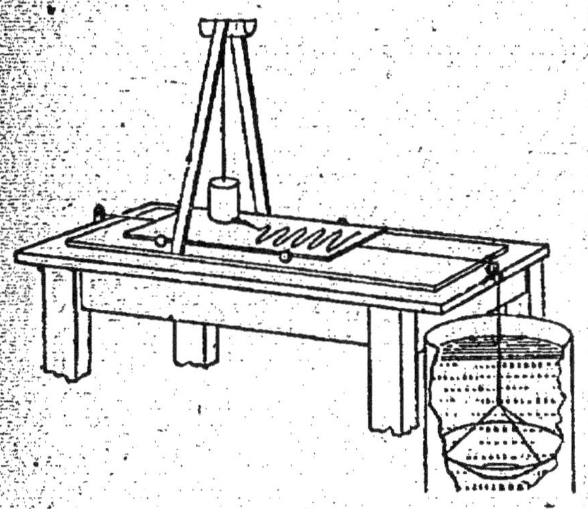

Fig. 11. — Appareil pour l'inscription graphique des oscillations.

Plusieurs méthodes permettent de compter le nombre de vibrations correspondant à un son donné ; la plus simple est la *méthode graphique :* une plaque de verre recouverte de noir de fumée repose sur un chariot mobile animé d'un mouvement uniforme à l'aide d'un poids tombant dans l'eau (*fig.* 11).

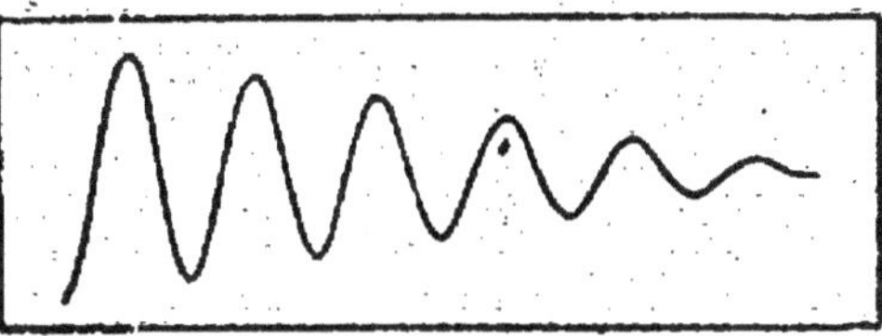

Fig. 12. — Oscillations amorties par frottement.

Si un stylet est fixé à un corps vibrant quelconque, on voit sur la plaque une série de zigzags dont l'amplitude va toujours en décroissant (*fig.* 12).

Diapasons. — Les diapasons se composent d'une tige

d'acier supportant une verge de même métal recourbée en forme d'U (*fig.* 13). La tige est ordinairement fixée sur une caisse en bois destinée à renforcer le son. On fait vibrer l'instrument en frappant l'une des branches de la verge contre un corps dur.

En musique, on se sert de sons de hauteur variable que l'on appelle les notes de la gamme. Ces notes ne diffèrent les unes des autres que par le nombre de vibrations accomplies par seconde.

On construit des diapasons de toutes grandeurs, donnant chacun un son déterminé. Le diapason dit *normal* donne la note *la* de la troisième

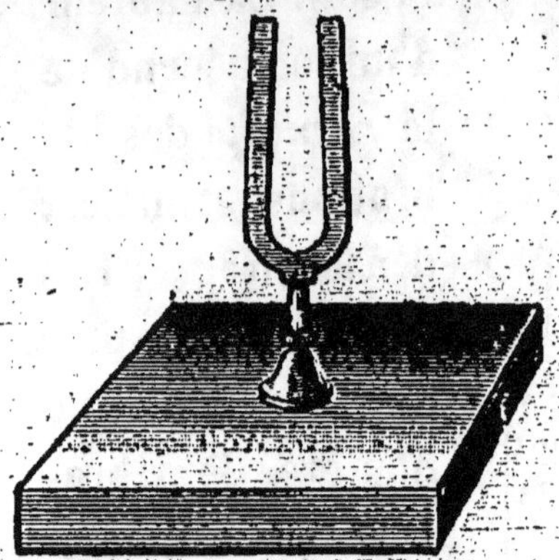

Fig. 13. — Diapason.

gamme employée en musique et fait 435 vibrations par seconde.

Les diapasons sont employés pour accorder les pianos, les violons, etc. Nous verrons plus tard qu'on les utilise pour faire la synthèse des sons.

12. Timbre d'un son. — Le timbre est la *qualité qui distingue l'un de l'autre deux sons de même hauteur et de même intensité.* C'est par la différence des timbres que l'on distingue, par exemple, une note musicale donnée par un violon de la même note donnée par une flûte avec la même intensité.

La notion du timbre est très complexe et n'est étudiée que dans le cours de Mathématiques. Nous dirons seulement qu'un son est toujours accompagné d'un certain nombre de sons moins intenses que l'on appelle *harmo-niques*. Ces harmoniques, variant d'un son à un autre, sont la cause du timbre.

La plupart des sons sont accompagnés de sons dont le nombre de vibrations est double, triple, etc., du nombre qui correspond au son fondamental. Ces sons s'appellent des *harmoniques*. Les harmoniques sont plus ou moins nombreux et plus ou moins intenses suivant le son émis, et c'est à ces harmoniques qu'est dû le timbre du son.

RÉSUMÉ DU CHAPITRE II

Le son se réfléchit quand il rencontre un obstacle. Ce phénomène est analogue au phénomène de la réflexion de la lumière ; aussi les surfaces courbes qui concentrent la lumière concentrent-elles aussi le son. On le démontre avec deux miroirs courbes conjugés.

Le son réfléchi est toujours en retard sur le son direct : si l'intervalle qui sépare la perception de ces deux sons est très court (1/10 de seconde pour les sons brefs), les deux sons se superposent partiellement et il y a renforcement du son direct ou *résonance* ; dans le cas contraire, les deux sont distincts et il y a *écho*.

L'*intensité* d'un son augmente avec l'amplitude du mouvement vibratoire correspondant. Elle varie en raison inverse du carré de la distance au corps sonore ; et elle est augmentée par le voisinage d'autres corps sonores.

La *hauteur* d'un son ne dépend que du nombre de vibrations exécutées pendant l'unité de temps. On peut compter ce nombre de vibrations par la méthode graphique : le corps sonore, muni d'un stylet léger, inscrit lui-même ses vibrations sous forme de sinuosités sur un cylindre tournant recouvert de noir de fumée.

Le *timbre* permet de distinguer l'un de l'autre deux sons de même hauteur et de même intensité.

EXERCICE SUR LE CHAPITRE II

3. Deux observateurs, placés à 110ᵐ l'un de l'autre, sont devant un mur situé à 55ᵐ de chacun d'eux. Le premier émet un son qui arrive au second d'abord directement, puis par réflexion sur le mur. Calculer le temps écoulé entre l'audition du premier son et celle du second. Vitesse du son : 340ᵐ par seconde.

OPTIQUE

CHAPITRE III

PROPAGATION DE LA LUMIÈRE EN GÉNÉRAL

13. Définitions. — On appelle *corps lumineux*, en général, tout corps qui peut être vu. Parmi les corps lumineux, les uns sont visibles par eux-mêmes; tels sont le Soleil, les flammes, les corps incandescents. On les appelle spécialement des *sources lumineuses*. Les autres sont vus parce qu'ils renvoient sur l'œil une partie de la lumière qu'ils reçoivent. Ce sont des *corps éclairés*. La Lune, la plupart des objets qui nous entourent sont des corps éclairés.

On dit qu'un corps est *transparent* lorsqu'il se laisse traverser par la lumière qui le frappe et permet de distinguer nettement la forme des objets placés derrière lui. Une lame de verre polie sur ses deux faces, de l'eau sous une faible épaisseur sont des corps transparents.

Un corps est *opaque* s'il arrête complètement la lumière

et ne permet pas de distinguer les corps placés derrière lui. Le bois, le carton, les métaux sous une épaisseur suffisante, etc., sont des corps opaques.

Enfin, les corps *translucides* sont intermédiaires entre les corps transparents et les corps opaques. Il se laissent traverser par la lumière, mais ils ne permettent pas de distinguer les formes et les distances des objets placés derrière eux. Comme exemples de corps translucides, on peut citer une feuille de papier huilé, une lame de verre dépoli.

14. Propagation de la lumière. — Pour établir ce principe, on pique sur une feuille de papier deux épingles A et B à 15^{cm} l'une de l'autre, puis on vise dans la direction BA et on redresse les épingles jusqu'à ce que B recouvre A (*fig.* 14). On

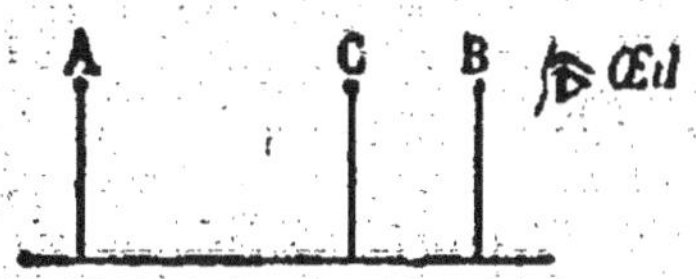

Fig. 14. — Vérification de la propagation de la lumière en ligne droite.

intercale ensuite une troisième épingle en C et on la dispose de telle sorte que B recouvre A et C. On enlève ces épingles et on constate avec une règle que les piqûres des épingles sont en ligne droite.

D'un autre côté, si la lumière solaire ou la lumière de l'arc voltaïque pénètre dans une chambre obscure par une petite ouverture, elle éclaire sur son passage les poussières en suspension dans l'air, et ce passage est ainsi marqué par un cône lumineux très allongé (*fig.* 15), à contours parfaitement rectilignes.

Fig. 15. — Trajet de la lumière solaire dans une chambre obscure.

On déduit de ces observations que, dans tout milieu transparent, *la lumière se propage en ligne droite*.

Faisceaux lumineux. — Un ensemble de rayons lumineux constitue un *faisceau lumineux*, et un même faisceau peut être composé de rayons parallèles, de rayons convergents ou de rayons divergents.

Supposons qu'on reçoive les rayons de l'arc voltaïque ou du Soleil sur une lentille convergente placée à une petite distance (*fig.* 16) ; ces rayons, à cause de l'éloignement du Soleil, peu-

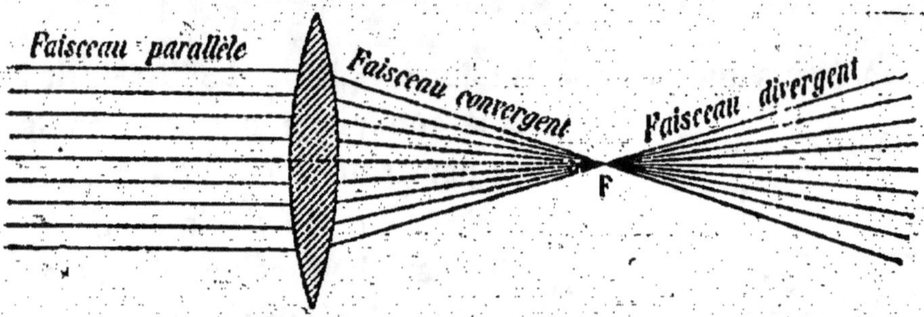

FIG. 16. — Faisceaux lumineux.

vent être considérés comme *parallèles*. Après avoir traversé la lentille, ils tendent à se réunir, ou plutôt, comme on dit, ils *convergent* en un point F peu éloigné de la lentille. Enfin les rayons, après s'être croisés au point F, vont toujours en s'écartant les uns des autres : ils forment alors un faisceau *divergent*.

15. Ombres. — La formation des ombres par les corps opaques est une conséquence de la propagation de la lumière en ligne droite. Lorsqu'un corps opaque est placé devant une source lumineuse, il arrête tous les rayons qui je rencontrent et laisse derrière lui un certain espace où la lumière ne pénètre pas : cet espace s'appelle l'*ombre portée* par le corps opaque.

Si la source lumineuse a des dimensions sensibles, ce

qui est le cas ordinaire, le passage de l'ombre à la lumière ne se fait plus brusquement ; il existe autour de l'ombre une région appelée *pénombre*, qui n'est éclairée que par une portion de la source.

On peut constater nettement la production de l'ombre et de la pénombre en prenant comme source lumineuse la flamme d'une bougie, et comme corps opaque un disque en carton épais que l'on tient verticalement à une certaine distance d'un grand écran, ou, à défaut, de l'un des murs de la salle d'expériences (1). — On distingue sur l'écran trois régions (*fig.* 17) :

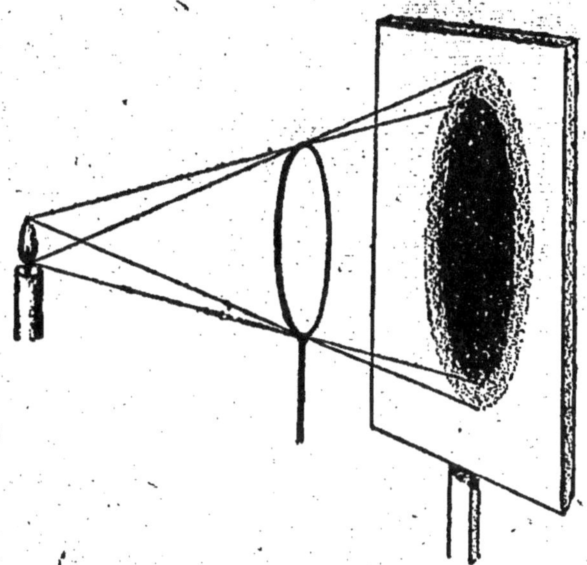

Fig. 17. — Manière de constater l'ombre et la pénombre.

une région centrale complètement obscure, de même forme que le disque ; autour de cette ombre, une pénombre, où l'intensité de la lumière décroît progressivement à mesure qu'on s'éloigne de l'ombre ; enfin, en dehors de ces deux régions, une région éclairée par la flamme tout entière.

Applications. — L'explication des éclipses de Soleil et

(1) La salle ne doit être éclairée que par la source lumineuse.

des éclipses de Lune est une conséquence de la formation des ombres. La hauteur d'un édifice éclairé par le Soleil peut être déterminée à peu de chose près en mesurant la hauteur de l'ombre portée et en la comparant à la longueur de l'ombre portée par une règle verticale de hauteur connue. Les paysans n'ont souvent d'autre manière de savoir l'heure qu'en évaluant la longueur de leur ombre.

16. Images données par les petites ouvertures. — Si par une petite ouverture pratiquée dans un des volets d'une chambre obscure, on laisse pénétrer dans la chambre les rayons lumineux venant de l'extérieur, on voit se peindre les images des objets extérieurs sur un écran blanc disposé en face de l'ouverture. Ces images conservent les couleurs des objets représentés ; elles sont *renversées* et leur forme est *indépendante* de celle de l'ouverture.

Considérons, en effet, un point A d'un objet lumineux AB (*fig.* 18). L'ensemble des rayons issus de ce point et pénétrant dans la chambre forme un faisceau divergent étroit qui éclaire sur l'écran une petite surface aa' de forme semblable à celle de l'ouverture. A chacun des points de l'objet AB correspond une petite surface éclairée analogue. — Or, si

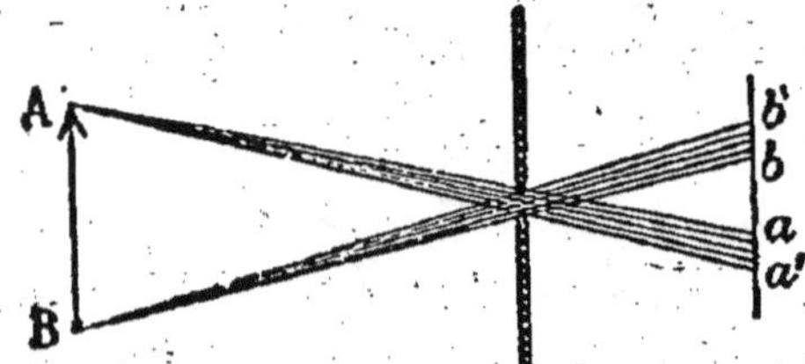

Fig. 18. — Explication des images données par les petites ouvertures.

l'ouverture est assez petite et si l'objet est assez éloigné, les faisceaux issus des différents points de l'objet se réduisent sensiblement chacun à un rayon et chacune des petites surfaces éclairées correspondantes peut être assimilée à un point. L'ensemble de ces points reproduira donc la forme et l'apparence de l'objet. D'après cela, l'image est d'autant plus nette que l'objet est plus éloigné et que l'ouverture est plus petite.

17. Vitesse de la lumière. — La lumière se propage,

comme le son, d'un *mouvement uniforme*, mais sa vitesse de propagation est beaucoup plus grande. Tandis que le son ne parcourt qu'environ 340^m par seconde dans l'air, la vitesse de la lumière dans le même milieu est sensiblement égale à 300 000^{km}, de telle sorte qu'elle mettrait à peine $\frac{1}{7}$ de seconde pour faire le tour de la Terre. C'est pour cette raison que l'on peut considérer la propagation de la lumière comme instantanée entre deux lieux quelconques à la surface de la Terre, ainsi qu'on l'a fait à propos de la mesure de la vitesse du son (4).

Remarque. — La lumière ne se propage pas avec la même vitesse dans les différents milieux transparents. Si l'on représente par 1 la vitesse de propagation dans le vide, vitesse qui est très sensiblement la même que dans l'air, la vitesse dans l'eau est représentée par 0,75 $\left(\text{soit les } \frac{3}{4}\right)$, et la vitesse dans le verre par 0,654 $\left(\text{soit environ les } \frac{2}{3}\right)$.

RÉSUMÉ DU CHAPITRE III

Parmi les corps lumineux, les uns sont visibles par eux-mêmes (sources lumineuses), les autres (corps éclairés) reçoivent de la lumière d'une source lumineuse et la reçoivent en partie sur l'œil.

Un corps est dit *transparent* lorsqu'il permet de distinguer les objets placés derrière lui. Il est *opaque* s'il arrête complètement la lumière. Les corps *translucides* sont intermédiaires entre les corps lumineux et les corps opaques.

Dans tout milieu transparent, la lumière se propage en ligne droite. Ce principe se vérifie en observant la pénétration de la lumière solaire dans une chambre obscure par une petite ouverture. Toute direction suivant laquelle la lumière se propage est un *rayon* lumineux. Un ensemble de rayons ou faisceau peut être convergent, divergent ou composé de rayons parallèles.

La formation des ombres portées par les corps opaques est une conséquence du principe de la propagation. Si les dimensions de la source lumineuse ne sont pas négligeables, le passage de l'ombre à la lumière ne se fait pas brusquement ; l'ombre portée par le corps opaque est entourée d'une pénombre plus ou moins étendue.

La formation des ombres permet d'expliquer le phénomène des éclipses de Soleil et de Lune.

Lorsqu'une petite ouverture est faite dans une paroi d'une chambre obscure, on voit se peindre sur un écran placé derrière l'ouverture les images des objets extérieurs. Ces images ont une forme indépendante de celle de l'ouverture ; elles sont renversées.

La lumière se propage d'un mouvement uniforme. Cette propagation se fait avec une vitesse très considérable, environ $300\,000^{km}$ par seconde dans l'air.

EXERCICES SUR LE CHAPITRE III

4. Expliquer la formation des ombres : 1° dans le cas où le corps opaque et la source lumineuse sont deux sphères égales ; 2° dans le cas où le corps opaque est une sphère et la source lumineuse une sphère ayant un rayon plus grand.

5. Sachant que l'ombre portée par une règle verticale de $1^m,50$ de hauteur a 95^{cm}, évaluer la hauteur d'un édifice voisin dont l'ombre portée a une longueur de 38^m.

CHAPITRE IV

ÉTUDE DE LA RÉFLEXION. — MIROIRS PLANS

18. **Définitions.** — Lorsqu'un faisceau lumineux étroit rencontre obliquement la surface d'un corps opaque parfaitement poli, comme un bain de mercure, il est renvoyé en avant de cette surface dans une direction déterminée (*fig.* 19) ; les rayons qui composent le faisceau se sont *réfléchis*.

Fig. 19. — Phénomène de la réflexion régulière.

Soit MM' une surface plane réfléchissante (*fig.* 20). On appelle *rayon incident* une direction telle que SI suivant laquelle la lumière tombe sur MM', et *rayon réfléchi* la nouvelle direction IR suivie par SI après sa réflexion. Menons la normale IN au point d'incidence I. Elle détermine avec le rayon incident un plan qui est perpendiculaire à la surface réfléchissante : c'est le *plan d'incidence*. L'angle que fait le rayon incident avec la normale est *l'angle d'incidence*; l'angle du rayon réfléchi avec la normale est *l'angle de réflexion*.

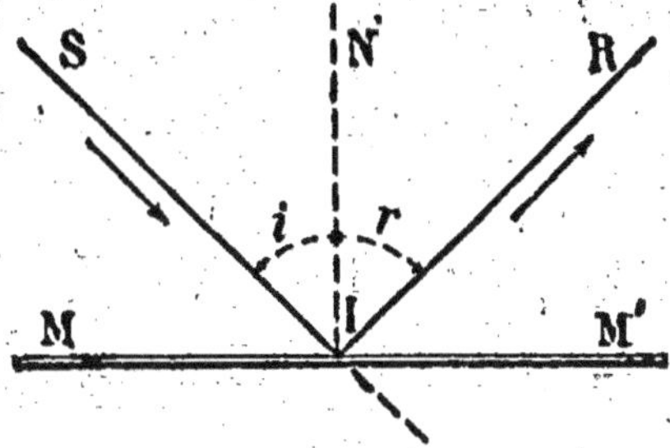

Fig. 20 — Réflexion d'un rayon lumineux.

19. Lois de la réflexion. — Disposons deux bougies identiques, de même longueur, de part et d'autre d'une glace verticale transparente (*fig.* 21), et à égale distance de cette glace. Si on allume la bougie qui est en avant de la glace, la seconde bougie

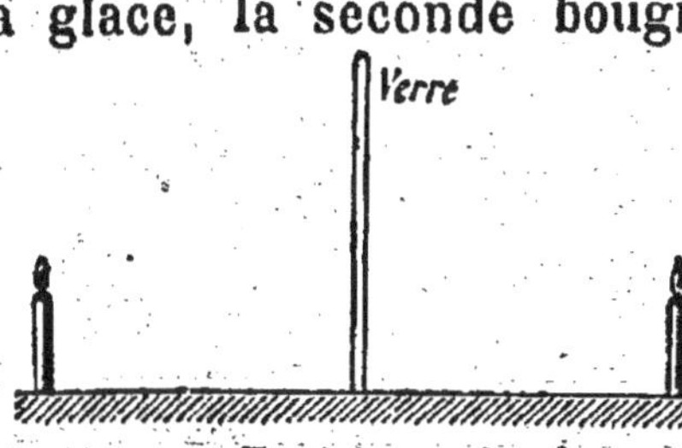

Fig. 21. — Expérience des deux bougies.

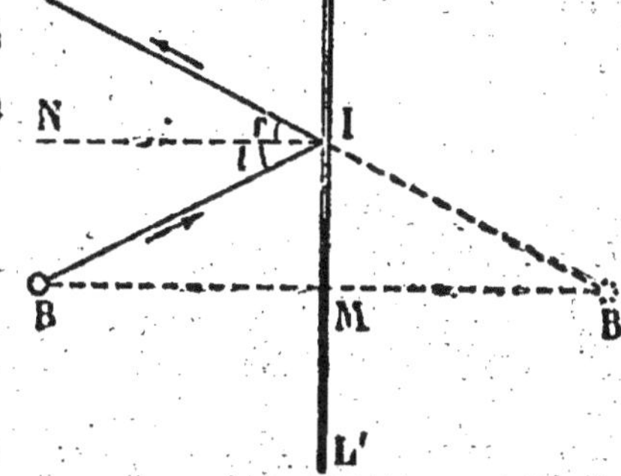

Fig. 22. — Explication de l'expérience des deux bougies.

paraît allumée pour un observateur placé du même côté, quelle que soit sa position. Si on souffle la bougie allumée, les deux bougies s'éteignent.

On déduit de cette expérience les lois de la réflexion Soient LL' la glace, B et B' les deux bougies, O la position de l'œil (*fig.* 22). La bougie B' est vue dans la direction OB', et le rayon réfléchi OI correspond au rayon incident BI. Menons la normale en I. Les deux triangles rectangles BIM et B'IM sont égaux, car le côté IM est commun, et les côtés BM et B'M égaux par hypothèse. Or l'angle IB'M = r comme correspondants, l'angle IBM = i comme alternes-internes, et comme les angles IB'M et IBM sont égaux, on a $r = i$. La réflexion est donc soumise à deux lois :

1re Loi : *Le plan d'incidence contient le rayon réfléchi ;*

2e Loi : *L'angle de réflexion est égal à l'angle d'incidence.*

On peut encore établir ces lois par l'expérience suivante.

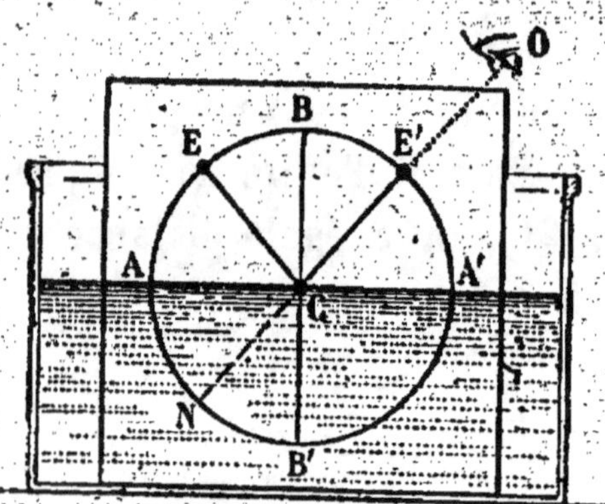

Fig. 23. — Expérience établissant les lois de la réflexion.

Sur une feuille de carton blanc, préalablement clouée sur une planchette, on trace une circonférence (*fig.* 23) ; on mène ensuite deux diamètres perpendiculaires AA', BB', puis on pique au centre C une épingle perpendiculaire au carton, et une seconde épingle en un point quelconque E de la circonférence. On plonge alors la planchette dans un cristallisoir contenant de l'eau mélangée d'encre, de manière que le diamètre AA' soit dans le plan horizontal contenant le niveau de l'eau. L'œil, placé dans l'angle BCA', vise la droite CN (N étant l'image de l'épingle E). Sur cette ligne on pique une épingle en E'. Si l'œil est placé en O, les têtes des épingles piquées en E', C et le point N sont en ligne droite. On sort enfin la planchette de l'eau, on trace les cordes BE, BE′ et on constate avec une règle graduée que BE′ = BE. On voit ainsi que les angles de réflexion et d'incidence sont égaux.

20. Réflexion irrégulière ou diffusion. — Quand la lumière, au lieu de rencontrer une surface parfaitement polie, tombe sur une surface mate, comme celle d'un mur, elle se réfléchit sur les nombreuses aspérités très petites que présente une telle surface, et elle est renvoyée dans une foule de directions qui sont quelconques par rapport à l'ancienne. On donne à ce phénomène le nom de *réflexion irrégulière* ou de *diffusion*.

C'est la diffusion qui nous fait distinguer la surface des corps qui n'émettent pas de lumière par eux-mêmes. Ainsi, une glace parfaitement polie, placée dans un lieu éclairé, n'est visible pour un observateur qui la regarde en face que si la surface de la glace contient des poussières capables de diffuser une partie de la lumière qu'elle reçoit. Si l'on voit latéralement un faisceau de rayons solaires qui a pénétré dans une chambre obscure par une petite ouverture, c'est grâce à la présence de poussières en suspension dans l'air ; sans ces poussières, un observateur ne verrait le faisceau qu'en plaçant l'œil dans son prolongement.

MIROIRS PLANS

21. Images données par les miroirs plans. — *On donne le nom de miroir plan à toute surface plane réfléchissante.* Un miroir plan est ordinairement constitué par une glace transparente, bien polie, derrière laquelle on a déposé une mince couche d'argent.

Un objet de forme quelconque placé devant un miroir plan donne une image qui n'existe pas réellement dans l'espace et ne peut être reçue sur un écran : on dit que c'est une image *virtuelle*. On la voit en regardant le miroir. Cette image est de *même grandeur* que l'objet ; elle est, de plus, *symétrique* de l'objet par rapport à la surface réfléchissante. Nous avons vérifié que l'image est symétrique de l'objet par l'expérience des deux bougies (19).

22. Réflexion sur deux miroirs parallèles. — Tout point lumineux placé entre deux miroirs plans parallèles donne derrière chacun d'eux une série *indéfinie* d'images dont l'éclat va en s'affaiblissant graduellement, par suite de la perte de lumière qui accompagne chaque réflexion.

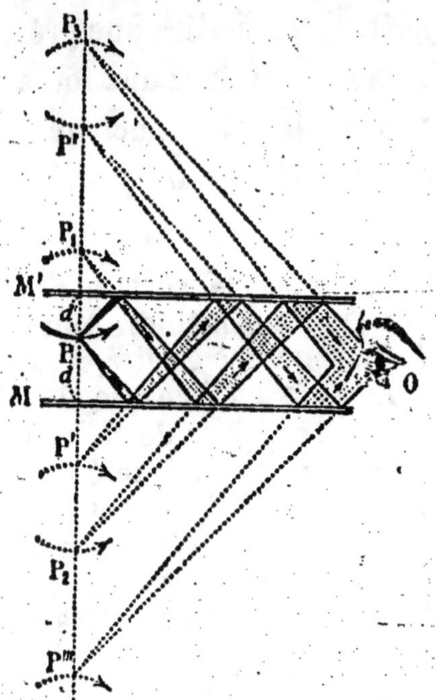

Fig. 24. — Réflexion sur deux miroirs plans parallèles.

Étudions la marche d'un petit faisceau partant du point lumineux P et tombant d'abord sur le miroir M (*fig.* 24). Ce faisceau se réfléchit et diverge ensuite comme s'il était issu d'un point P′ symétrique de P par rapport à M ; il rencontre alors le miroir M′ et diverge après réflexion comme s'il était issu d'un point P″ symétrique de P′ par rapport à M′ ; puis il rencontre de nouveau M et diverge après réflexion comme s'il était issu d'un point P‴ symétrique de P″ par rapport à M, et ainsi de suite indéfiniment.

Nous obtiendrions de même une seconde série d'images P_1, P_2, P_3,..., en considérant un faisceau issu de P et rencontrant d'abord le miroir M'.

Si l'on remplace le point P par un objet lumineux présentant une face et un revers, les images successives présenteront alternativement le revers et la face. Des images de ce genre s'observent facilement dans les salles dont les murs opposés sont recouverts de glaces.

23. Réflexion sur deux miroirs inclinés. — Lorsqu'un point lumineux est placé entre deux miroirs inclinés, il donne naissance à une série *limitée* d'images.

Considérons le cas où les deux miroirs sont rectangulaires. Parmi les rayons issus du point lumineux P (*fig.* 25), ceux qui se réfléchissent sur le miroir M donnent une image P', symétrique de P par rapport à M ; ceux qui se réfléchissent sur le miroir M' donnent une image P", symétrique de P par rapport à M'. Outre ces deux images produites par des rayons qui ont subi une seule réflexion, il se forme une image P'" produite par des rayons qui n'arrivent à l'œil de l'observateur qu'après avoir subi deux réflexions successives sur la surface des miroirs. Considérons en effet un petit faisceau issu de P et tombant d'abord sur le miroir M ; il se comporte, après sa réflexion, comme s'il

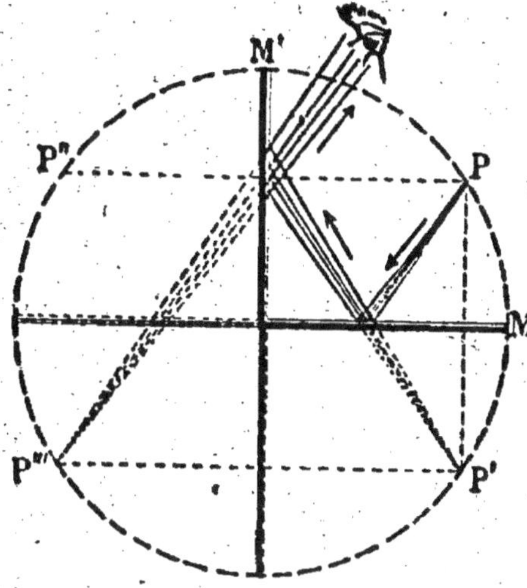

Fig. 25. — Réflexion sur deux miroirs inclinés.

émanait du point P'. Il se réfléchit ensuite sur M' et se comporte comme s'il émanait du point P''', symétrique de P' par rapport à M'. Et de même un petit faisceau qui éprouve une première réflexion sur M', puis une seconde sur M, donnera une seconde image en un point symétrique de P'' par rapport à M. L'angle des deux miroirs étant de 90°, ce point se confond avec le point P'''. Enfin, les rayons qui ont subi deux réflexions successives ne peuvent plus donner d'images, car ils ne rencontrent plus les surfaces réfléchissantes.

D'une façon générale, le nombre des images augmente avec l'inclinaison des miroirs. Ainsi il se forme cinq images si l'angle des miroirs est de 60°, sept s'il est de 45°. Toutes ces images sont *virtuelles*.

Application. — La formation d'images multiples par les miroirs inclinés est utilisée dans les *kaléidoscopes*.

Fig. 26. — Dessin vu au kaléidoscope.

Le modèle le plus simple se compose d'un tube de carton dans lequel sont fixés deux miroirs inclinés à 60°, dont l'intersection est dirigée parallèlement à l'axe du tube. A l'une des extrémités du tube se trouvent des objets diversement colorés (fragments de verre, de dentelle, etc.). En plaçant l'œil à l'autre extrémité on aperçoit un cercle brillant, formé par ces objets et leurs cinq images symétriques disposées en une sorte de rosace à six compartiments (fig. 26). On peut d'ailleurs, en faisant tourner le tube sur lui-même, modifier la position des corps colorés les uns par rapport aux autres, et transformer ainsi à volonté l'ensemble régulier qu'ils forment avec leurs images.

Le kaléidoscope est employé comme jouet d'enfant. Les dessinateurs sur tissus en font usage pour obtenir des combinaisons de dessins et de couleurs.

24. Applications des miroirs plans. — On ne se sert guère comme miroirs plans que de glaces *étamées* ou *argentées*. Elles sont formées d'une lame de verre derrière laquelle est appliquée une couche mince d'argent ou d'amalgame d'étain. Dans ces miroirs, il y a deux surfaces réfléchissantes (la première face du verre et la couche d'amalgame), ce qui donne des images multiples; mais, en somme, la couche métallique joue le rôle principal dans la réflexion.

Les miroirs plans abondent dans nos appartements, soit comme *glaces d'appartement*, soit comme *glaces à main*, *espions, réflecteurs*. Quelques instruments de physique, tels que les *porte-lumière*, contiennent des miroirs plans, afin de donner à la lumière une direction déterminée.

Les *espions* sont des miroirs plans que l'on peut orienter à volonté de manière à voir dans une direction déterminée.

On en fait usage pour surveiller les étalages, pour voir de l'intérieur d'une pièce ce qui se passe à l'extérieur.

Parmi les combinaisons de miroirs avec lesquelles on produit

Fig. 27. — Lunette magique.

des effets curieux, nous citerons celle qui est appliquée dans la *lunette magique*. Cet appareil permet de voir un objet malgré l'interposition de corps opaques. Il se compose de quatre miroirs inclinés à 45° sur l'axe d'un tube (*fig.* 27). Par suite de cette inclinaison, un rayon partant d'un point P arrive à l'œil en suivant constamment la direction du tube.

RÉSUMÉ DU CHAPITRE IV

Lorsqu'un rayon lumineux rencontre un corps opaque dont la

surface est parfaitement polie, il est renvoyé en avant du corps dans une direction déterminée (rayon réfléchi). On donne le nom de *réflexion régulière* à ce phénomène. Le plan d'incidence est le plan formé par le rayon incident et la normale à la surface réfléchissante ; *il contient le rayon réfléchi* (1re loi de la réflexion). En outre, *l'angle de réflexion est égal à l'angle d'incidence* (2e loi).

Si la surface du corps qui reçoit la lumière n'est pas parfaitement polie, une partie de la lumière incidente est réfléchie dans des directions quelconques : on dit qu'elle est *diffusée*.

On appelle *miroir plan* toute surface plane réfléchissante. Lorsqu'un point lumineux est placé devant un miroir plan, les prolongements de tous les rayons réfléchis se coupent en un point symétrique du point lumineux par rapport au miroir et qu'on appelle son image ; cette image ne peut être reçue sur un écran : elle est dite virtuelle. Un objet lumineux donne une image virtuelle, symétrique de l'objet par rapport au miroir.

Un point lumineux placé entre deux miroirs plans parallèles donne une série indéfinie d'images dont l'éclat va en s'affaiblissant graduellement. Si les deux miroirs sont inclinés, le nombre des images est limité ; il est d'autant plus grand que l'angle du miroir est plus petit.

Les applications des miroirs plans sont nombreuses : on peut citer les glaces d'appartement, les espions ; l'emploi de ces miroirs dans des porte-lumière, etc.

EXERCICES SUR LE CHAPITRE IV

6. Quelle est la plus petite hauteur que puisse avoir un miroir plan placé verticalement, pour qu'une personne se tenant debout devant ce miroir s'y voie par réflexion de la tête aux pieds ? Établir la position du miroir.

7. Construire géométriquement : 1° l'image d'une droite horizontale placée devant un miroir plan incliné à 45° sur l'horizon ; 2° l'image d'une droite verticale placée au-dessus d'un miroir plan horizontal.

CHAPITRE V

MIROIRS SPHÉRIQUES

25. Définition et classification. — *Les miroirs sphériques sont des miroirs dont la surface réfléchissante est constituée par une* *portion de surface sphérique.* — Ils sont dits *concaves* si c'est la face interne de cette portion qui est la surface réfléchissante, et *convexes* si c'est la face externe.

Les lois de la réflexion s'appliquent aux miroirs sphériques. Une surface courbe pouvant être considérée comme formée par une infinité de petits éléments plans, tout rayon qui tombe sur une surface courbe se réfléchit comme il le ferait sur le petit élément plan correspondant au point d'incidence.

Que le miroir soit concave ou convexe, on appelle *centre de courbure* le centre C de la sphère à laquelle appartient le miroir (*fig.* 28), et *rayon de courbure* le rayon de cette

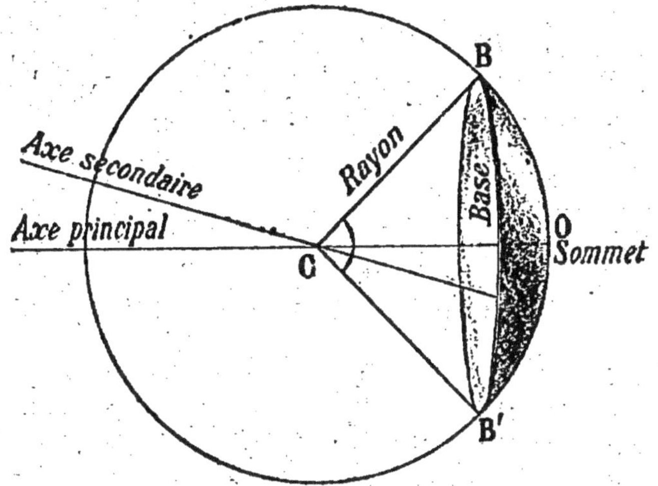

Fig. 28. — Caractéristiques d'un miroir sphérique concave.

sphère. La droite qui passe par le centre de courbure et est perpendiculaire au plan de la base BB' est l'*axe principal* du miroir. Le point où l'axe principal rencontre la surface réfléchissante est le *sommet* du miroir. Toute droite qui passe par le centre de courbure sans passer par le sommet est un *axe secondaire.* Enfin tout plan mené par l'axe principal prend le nom de *section principale.*

Pour étudier les propriétés des miroirs sphériques, on suppose que l'ouverture BCB' du miroir ne comporte que quelques degrés et que le miroir reçoit des rayons s'écartant peu de l'axe principal.

MIROIRS CONCAVES

26. Réflexion des rayons parallèles. — Si l'on reçoit les rayons lumineux provenant du Soleil ou de l'arc voltaïque sur un miroir concave orienté convenablement, on constate que tous les rayons réfléchis par le miroir viennent passer en un point F (*fig.* 29), toujours le même, où l'on peut recueillir sur un écran blanc une petite image très brillante.

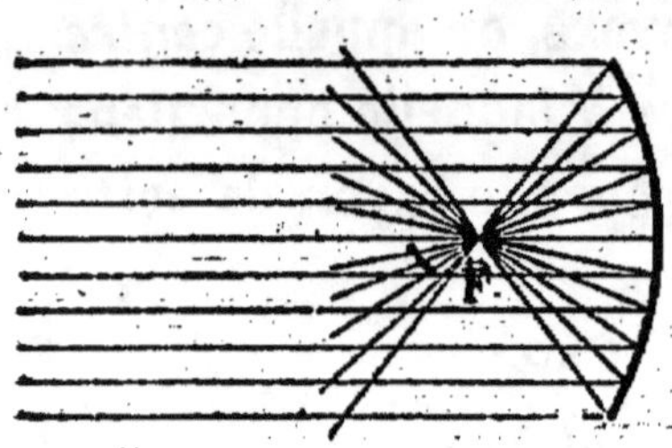

Fig. 29. — Marche d'un faisceau de rayons parallèles à l'axe.

Ce point s'appelle le *foyer principal* du miroir; il est situé sur l'axe principal, à une distance du sommet du miroir sensiblement égale à la moitié du rayon de courbure.

Soit un rayon parallèle à l'axe principal, tombant sur un miroir concave en M (*fig.* 30). La normale MC au point d'incidence n'est autre que le rayon de courbure; faisons un angle de réflexion égal à l'angle d'incidence: nous obtiendrons le rayon réfléchi MF.

Soit F le point où le rayon réfléchi coupe l'axe principal.

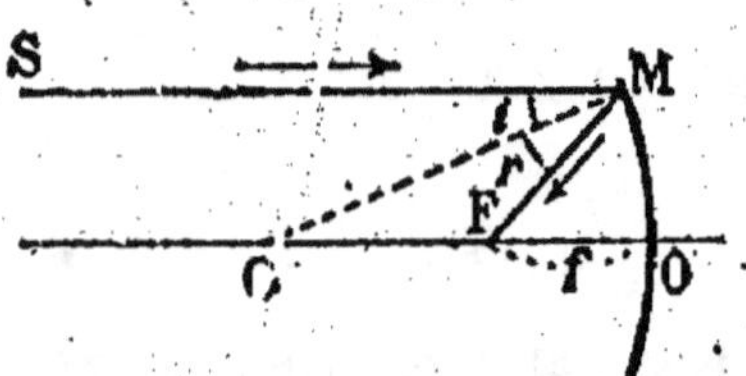

Fig. 30. — Réflexion d'un rayon parallèle à l'axe principal.

Les angles MCF et *i* sont égaux comme alternes-internes; le triangle MCF est donc isocèle, et MF = FC. Si le miroir n'a qu'une petite ouverture, le point M est peu éloigné de O, la distance FM est sensiblement égale à FO, et l'on peut écrire FC = FO, d'autant plus exactement que le point M est plus rapproché du sommet du miroir. Donc tous les rayons parallèles à l'axe principal viennent passer au point F après réflexion, et cela quel que soit le point d'incidence. La distance FO = f est la *distance focale principale*; elle est sensiblement égale à $\frac{R}{2}$.

Réciproquement, si un point lumineux est placé en F, tous les rayons émis par ce point et rencontrant le miroir se réfléchiront parallèlement à l'axe principal.

27. Images données par les miroirs concaves. — Les miroirs concaves donnent, des objets placés devant eux, des images *réelles* ou des images *virtuelles*. Les images réelles sont formées par les rayons réfléchis eux-mêmes ; on peut les recevoir sur un écran. Les images virtuelles sont formées par les prolongements des rayons réfléchis ; on ne peut les recevoir sur un écran, mais on les voit dans le miroir.

Pour étudier la formation des images réelles dans un miroir concave, on se place dans une chambre obscure et on dispose une bougie devant le miroir de manière que le milieu de la flamme se trouve à peu près sur l'axe principal du miroir. A l'aide d'un petit écran blanc, on cherche alors le lieu où l'image se forme avec le plus de netteté.

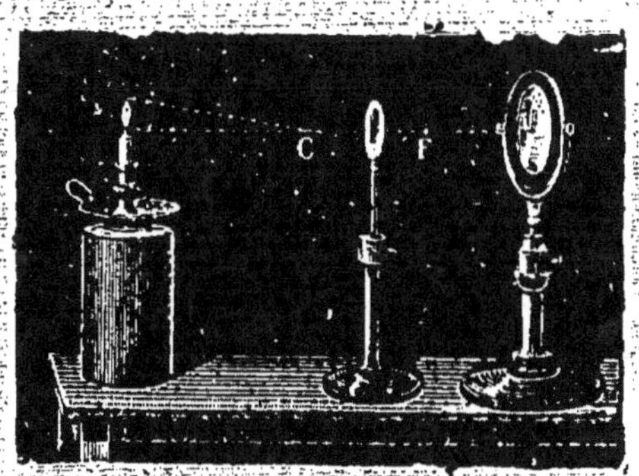

Fig. 31. — Image réelle donnée par un miroir concave (image plus petite que l'objet).

I. **L'objet est situé au delà du foyer principal.** — La bougie étant d'abord placée très loin, on voit se dessiner sur l'écran une image renversée, très petite et très brillante (*fig*. 31) A mesure

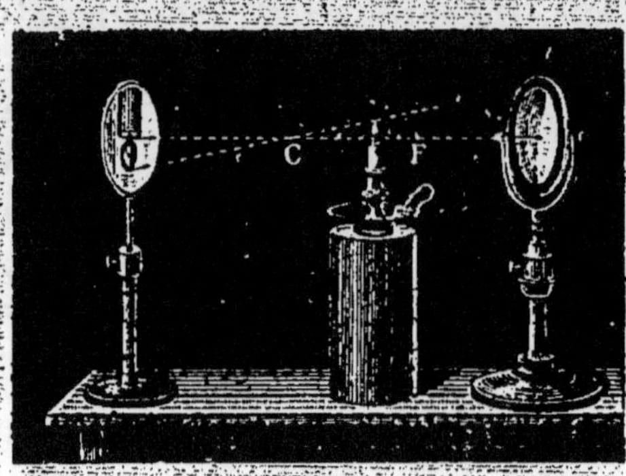

Fig. 32. — Image réelle donnée par un miroir concave (image plus grande que l'objet).

que la bougie se rapproche du miroir, l'image s'en éloigne en grandissant ; au centre de courbure la flamme et son image sont égales et dans le même plan. Quand la bougie dépasse le centre, l'image est encore renversée, mais elle est plus grande que la flamme et

se forme au delà du centre (*fig*. 32). Si la bougie arrive au foyer principal, l'image disparaît.

MARCHE DES RAYONS. — Examinons le cas le plus simple, celui où l'objet est une droite AP perpendiculaire à l'axe principal et limitée par cet axe (*fig*. 33). Le rayon qui suit l'axe secondaire AC est normal au miroir et se réfléchit sur lui-même. Considérons maintenant le rayon AI parallèle à l'axe principal ; il passe, après réflexion, par le foyer principal F.

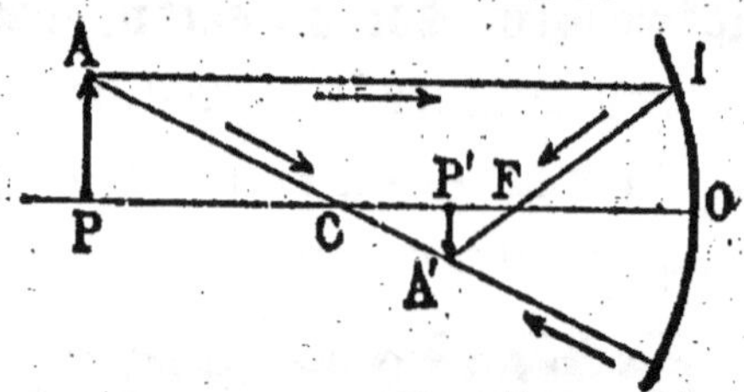

Fig. 33. — Image d'une droite située au delà du centre de courbure.

Le point d'intersection A' du rayon IF et de l'axe secondaire AC est l'image du point A ; on dit que ces deux points sont *conjugués*, parce que si les rôles étaient renversés, c'est-à-dire si le point A était placé en A', son image se formerait en A. Abaissons enfin du point A' la perpendiculaire A'P' sur l'axe principal ; les points P et P' sont aussi conjugués et la perpendiculaire A'P' est

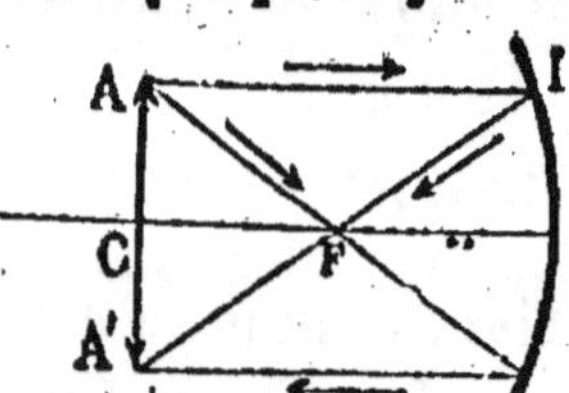

Fig. 34. — Image d'une droite située au centre de courbure.

l'image de la droite AP. Cette image est *réelle*, renversée par rapport à l'objet, *plus petite* que l'objet dans le cas de la figure parce que AP est au delà du centre de courbure. Si l'objet est placé dans un plan vertical passant par le centre de courbure, une construction analogue à la précédente montrerait que l'image est encore réelle, renversée, mais *égale* à l'objet (*fig.* 34).

Fig. 35. — Image virtuelle donnée par un miroir concave.

Si enfin l'objet AP est situé entre le centre de courbure et le foyer F, on verrait facilement que l'image est réelle, renversée, *plus grande* que l'objet. Elle se forme au delà du centre.

II. L'objet est situé entre le foyer et le sommet du miroir. — Lorsque, dans l'expérience précédente, la bougie dépasse le foyer, on ne reçoit plus d'image sur un écran, mais un observateur placé en avant du miroir voit l'image virtuelle, droite, de la flamme (*fig.* 35), image d'autant plus agrandie que la bougie est plus rapprochée du foyer.

MARCHE DES RAYONS. — Les rayons réfléchis correspondant aux rayons incidents AC (axe secondaire) et AI (rayon parallèle à l'axe principal) ne se rencontrent pas en avant du miroir (*fig.* 36), la distance AI étant plus petite que FC ; leurs prolongements seuls se coupent. L'image semble se former derrière le miroir ; elle est *virtuelle, droite, plus grande* que l'objet. A mesure que AP se rapproche du miroir, l'image s'en rapproche aussi et diminue de grandeur. Quand AP est situé au sommet du miroir, son image se confond avec lui.

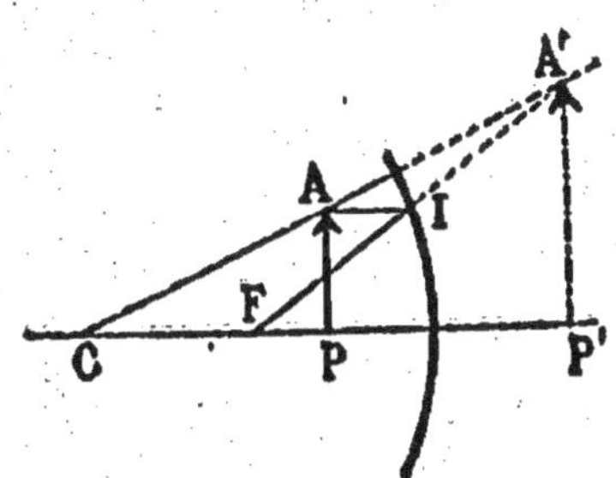

Fig. 36. — Image d'une droite située entre le miroir et son foyer.

28. Formules applicables aux miroirs concaves. — Soit

A'P' l'image d'un objet AP (*fig. 37*). Désignons par p la distance de l'objet au sommet du miroir, p' la distance de l'image au même point, f la distance focale FS. Un calcul que nous établirons en Première, montre que ces trois longueurs sont reliées par la formule simple $\frac{1}{p} + \frac{1}{p'} = \frac{1}{f}$ quand l'image est réelle et $\frac{1}{p} - \frac{1}{p'} = \frac{1}{f}$ quand l'image est virtuelle. Menons enfin le rayon AS; le rayon réfléchi correspondant sera SA'. Les deux triangles ASP, A'SP' sont semblables et l'on a $\frac{A'P'}{AP} = \frac{p'}{p}$.

Ces formules permettent de trouver la grandeur et la position de l'image quand on connaît la grandeur et la position de l'objet.

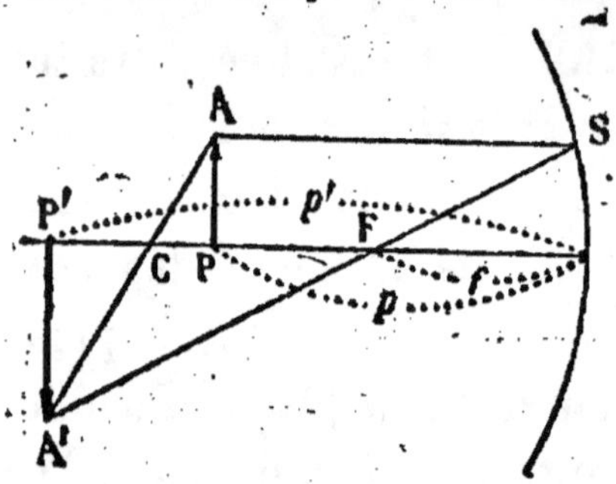

APPLICATION. — Une droite de 10^{cm} est placée verticalement à 60^{cm} d'un miroir concave dont la distance focale est 20^{cm}. On demande la position de l'image et le rapport des dimensions de l'image et de l'objet.

Fig. 37. — Image d'un objet placé entre le foyer et le centre de courbure.

L'objet étant placé au delà du double de la distance focale, l'image est réelle et renversée. On a $\frac{1}{60} + \frac{1}{p'} = \frac{1}{20}$, d'où $p' = 30$^{cm}. On a aussi $\frac{A'P'}{AP} = \frac{30}{60}$, d'où A'P' = 5^{cm}.

29. Applications des miroirs concaves. — Les miroirs concaves s'emploient sous le nom de *réflecteurs*, soit pour projeter de la lumière à des distances relativement considérables, soit pour éclairer fortement un objet rapproché, comme dans la lanterne magique. Dans les deux cas, la source lumineuse est placée au foyer du miroir.

Comme objets de toilette, les miroirs concaves ont encore une application; l'observateur placé entre le miroir et son foyer voit une image virtuelle, agrandie, de son visage.

MIROIRS CONVEXES

30. Réflexion des rayons parallèles. — Si l'on oriente un miroir convexe de manière que son axe principal soit dirigé vers le centre du Soleil, on voit une image très brillante qui apparaît comme formée derrière le miroir ; on ne peut pas la recevoir sur un écran : c'est une image *virtuelle* ; elle se forme au foyer principal du miroir.

Considérons un rayon SI parallèle à l'axe principal d'un miroir convexe MM' (*fig.* 38) ; il se réfléchit suivant IR, de manière à faire avec la normale IN des angles d'incidence SIN et de réflexion NIR, égaux. Prolongeons le rayon réfléchi IR derrière le miroir ; il rencontre l'axe principal en un point F. On démontre, par un raisonnement analogue à celui qui a été fait à propos des miroirs concaves : 1° que tous les rayons parallèles à l'axe principal forment,

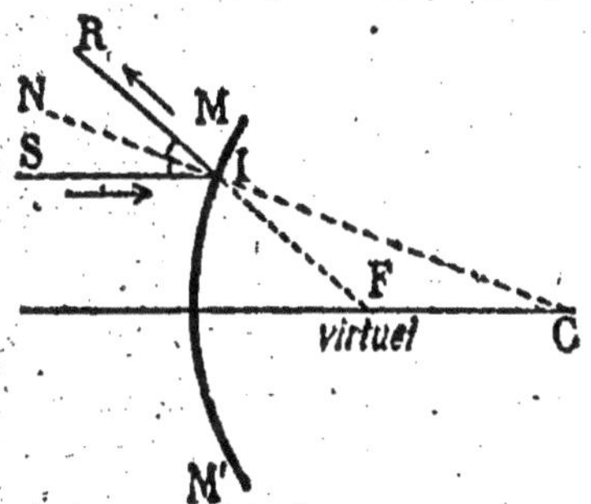

Fig. 38. — Réflexion d'un rayon parallèle à l'axe principal.

après réflexion, un faisceau divergent dont le sommet est le point F ; 2° que le point F est sensiblement à égale distance du centre de courbure et du sommet du miroir. Ce point est le *foyer principal*. Il ne peut être reçu sur un écran ; c'est un *foyer virtuel*.

31. Images données par les miroirs convexes. — Un objet quelconque placé devant la surface réfléchissante d'un miroir convexe donne toujours une image *virtuelle, droite, plus petite* que l'objet.

Les considérations relatives à la construction des images dans les miroirs concaves s'appliquent aux miroirs convexes. Étant donnée, par exemple, une petite droite AP perpendiculaire à l'axe principal (*fig.* 39), le conjugué A' du point A est à l'intersection de l'axe secondaire AC et du prolongement géométrique du rayon réfléchi correspondant à un rayon AI

parallèle à l'axe principal. En abaissant du point A' une per
pendiculaire sur l'axe principal, on obtient l'image A'P', qui

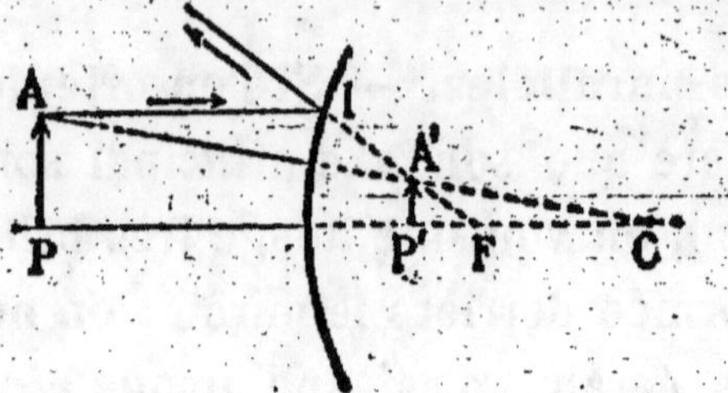

Fig. 39. — Image d'une droite réelle dans un miroir convexe.

est *virtuelle*, *droite* et *plus petite* que la droite AP.

L'image est d'autant plus rapprochée du foyer et d'autant plus petite que l'objet est plus éloigné du miroir.

32. Applications des miroirs convexes. — Les miroirs convexes ont été employés dans quelques télescopes. Les paysagistes s'en servent pour obtenir l'image réduite du paysage qui leur sert de modèle. Enfin on trouve dans les jardins des *globes périscopiques*. Ce sont des sphères de verre argentées intérieurement qui jouent le rôle de miroirs convexes à grande ouverture et donnent l'image virtuelle, diminuée et déformée, du paysage et des objets environnants.

RÉSUMÉ DU CHAPITRE V

Les miroirs sphériques *concaves* sont constitués par une portion de surface sphérique dont la face interne est la surface réfléchissante. Si l'ouverture ne comporte qu'un petit nombre de degrés, tous les rayons parallèles à l'axe principal convergent, après réflexion, en un point situé sur cet axe et appelé *foyer principal*. La distance du foyer principal au sommet du miroir est égale à la moitié du rayon de courbure. Réciproquement, si un point lumineux est placé au foyer principal, tous les rayons réfléchis sont parallèles à l'axe principal.

Les miroirs concaves donnent des objets placés devant eux des images réelles ou des images virtuelles. Les images sont réelles et renversées tant que l'objet est situé au delà du foyer principal ; elles sont virtuelles et droites quand l'objet est entre le miroir et le foyer.

Les miroirs concaves sont employés comme réflecteurs, comme miroirs de toilette, etc.

Dans les miroirs *convexes*, le foyer principal est virtuel ; il est situé derrière le miroir. Tout objet placé devant un miroir convexe donne une image virtuelle, droite et plus petite que l'objet.

EXERCICES SUR LE CHAPITRE V

8. Construire géométriquement l'image d'une droite située entre le centre de courbure et le foyer d'un miroir concave.

9. Une droite de 10^{cm}, perpendiculaire à l'axe principal d'un miroir concave et limitée par cet axe, se trouve à 25^{cm} d'un miroir concave, dont le rayon de courbure est de 30^{cm}. On demande la position de l'image et la grandeur de cette image.

CHAPITRE VI

RÉFRACTION DE LA LUMIÈRE

---

33. Notions préliminaires. Lois de la réfraction. — Lorsqu'un rayon lumineux passe obliquement d'un milieu dans un autre de nature différente, il change brusquement de direction à la surface de séparation des deux milieux. On donne à ce phénomène le nom de *réfraction*.

Pour montrer le phénomène de la réfraction, on fait pénétrer un faisceau de rayons provenant du soleil ou

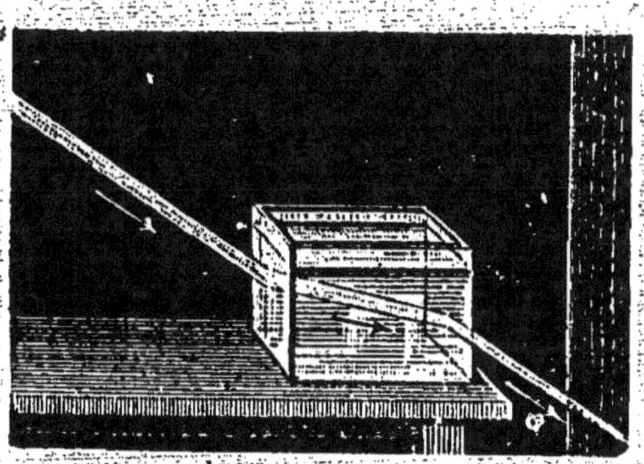
Fig. 40. — Phénomène de la réfraction.

de l'arc voltaïque dans une chambre obscure, et on le reçoit obliquement à travers une cuve en verre pleine d'eau contenant un peu de fluorescéine (*fig.* 40). Le faisceau éclaire les poussières sur son passage et marque ainsi le chemin qu'il suit. On le voit s'infléchir en pénétrant dans le liquide, puis s'infléchir en sens inverse et reprendre une direction parallèle à sa direction primitive en sortant de l'eau pour rentrer dans l'air.

Soit AB la surface de séparation de deux milieux de na-

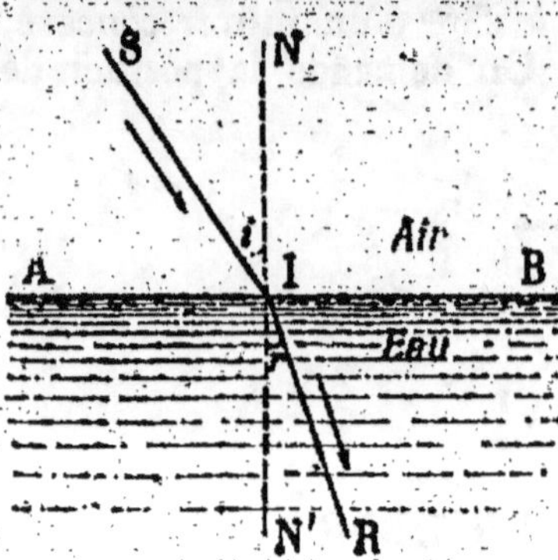

Fig. 41. — Réfraction d'un rayon lumineux.

ture différente, l'air et l'eau par exemple (*fig.* 41). Un rayon incident tel que SI, qui rencontre obliquement cette surface, pénètre dans le liquide en se rapprochant du prolongement de la normale IN. On appelle *plan d'incidence* le plan mené par le rayon incident SI et la normale IN au point d'incidence. L'*angle d'incidence* est l'angle SIN du rayon incident et de la normale; l'*angle de réfraction*, l'angle RIN' du rayon réfracté IR et de la normale.

Le phénomène de la réfraction est soumis à deux lois comme le phénomène de la réflexion.

Pour étudier les lois de la réfraction, on se sert de

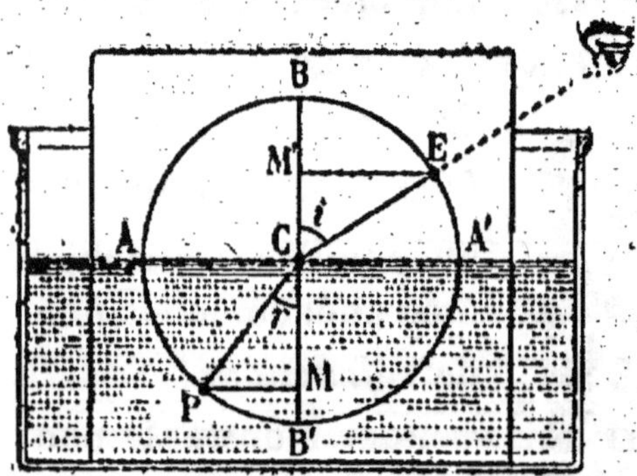

Fig. 42. — Expérience établissant les lois de la réfraction.

la planchette employée pour les lois de la réflexion (19). On pique une épingle au centre C et une seconde en un point quelconque P de la circonférence (*fig.* 42) au-dessous de AA'. On enfonce alors la planchette dans l'eau jusqu'à ce que le diamètre AA' soit dans le plan horizontal contenant le niveau de l'eau.

L'œil, placé dans l'angle BCA', vise l'épingle P et sa position apparente : on pique sur cette ligne de visée une épingle en E où la ligne rencontre la circonférence. Les têtes des épingles C et E ainsi que la ligne CP sont dans un même plan. On sort ensuite la planchette de l'eau et on constate que les têtes des trois épingles P, C, E ne sont plus en ligne droite. On trace le rayon EC (rayon incident) et le rayon PC (rayon réfracté). L'angle BCE est l'angle d'incidence ; l'angle PCB', l'angle de réfraction. Si l'on abaisse de E et de P des perpendiculaires sur BB' on constate que les longueurs M'E et PM de ces perpendiculaires sont dans un rapport $\frac{4}{3}$. Ce rapport s'appelle l'*indice de réfraction* de l'eau par rapport à l'air. On déduit de cette expérience les lois de la réfraction :

1re Loi : *Le rayon réfracté est dans le plan d'incidence ;*

2e Loi : *Pour deux milieux déterminés, il existe un rapport constant entre les sinus de l'angle d'incidence et de l'angle de réfraction.*

Le rapport indiqué dans la deuxième loi se représente par n ; on a

$$\frac{\sin i}{\sin r} = n,$$

ou

$$\sin i = n \sin r.$$

34. Réfraction dans un milieu plus réfringent. — Lorsqu'un rayon passe de l'air dans un milieu plus dense, comme le verre, l'eau, l'angle d'incidence est plus grand que l'angle de réfraction et le rayon réfracté se rapproche de la normale. On dit alors que le second milieu est plus réfringent que le premier. Il en est ainsi par exemple quand la lumière passe de l'air dans l'eau $\left(n = \frac{4}{3}\right)$, de l'air dans le verre $\left(n = \frac{3}{2}\right)$.

La figure 43 représente la réfraction de rayons incidents passant de l'air dans l'eau. Le rayon NI normal à la surface de séparation continue son chemin en ligne droite. Le rayon SI qui rase la surface de l'eau prend la direction IL qui, comme nous le verrons plus tard, correspond à un angle de réfraction d'environ 48°. Cet angle de 48° s'appelle l'*angle limite* des rayons qui pénètrent dans l'eau.

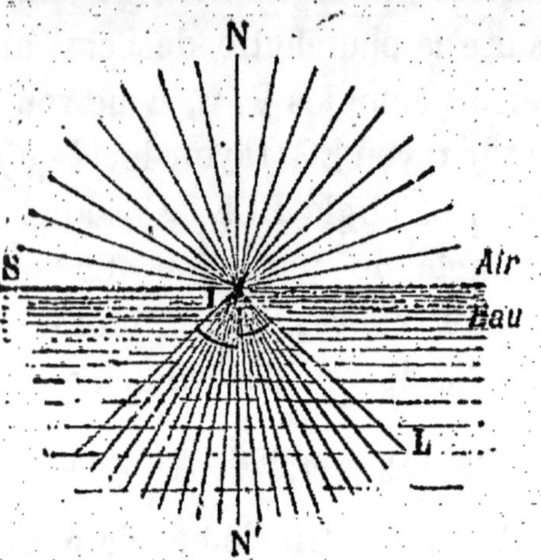

Fig. 43. — Réfraction de rayons passant de l'air dans l'eau.

35. Réfraction dans un milieu moins réfringent. Réflexion totale. — Lorsqu'un rayon passe de l'eau dans l'air, ou du verre dans l'air, on dit que le second milieu, c'est-à-dire l'air, est moins réfringent que le premier. L'angle d'incidence est alors plus petit que l'angle de réfraction et les rayons qui sortent de l'eau ou du verre s'écartent de la normale.

Soit un point lumineux P (*fig.* 44) situé dans l'eau. Parmi les rayons issus de P, le rayon PN, qui suit la normale à la surface de séparation de l'eau et de l'air, sort sans déviation.

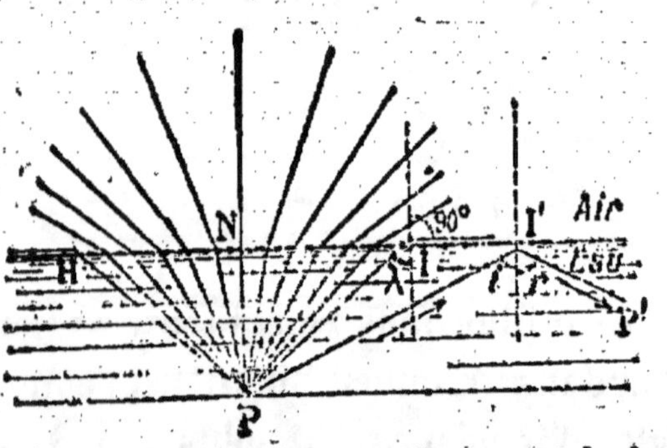

Fig. 44. — Réfraction et réflexion totale de rayons issus d'un point lumineux situé dans l'eau.

Un rayon tel que PI, qui fait avec la normale PN un angle égal à 48° sort en rasant la surface de séparation. Tout rayon PI' extérieur à PI tombera sur la surface de séparation sous une incidence supérieure à 48° ; il ne pourra sortir et reviendra dans le liquide en suivant les lois de la réflexion régulière ; on dit qu'il s'est réfléchi *totalement*, parce que toute la lumière du rayon incident PI' se retrouve dans le rayon réfléchi I'P'.

Expérience montrant la réflexion totale. — Au-dessous d'un bouchon plat ayant environ 3^{cm} de rayon on implante verticalement un clou de manière que sa partie libre ait environ 2^{cm}

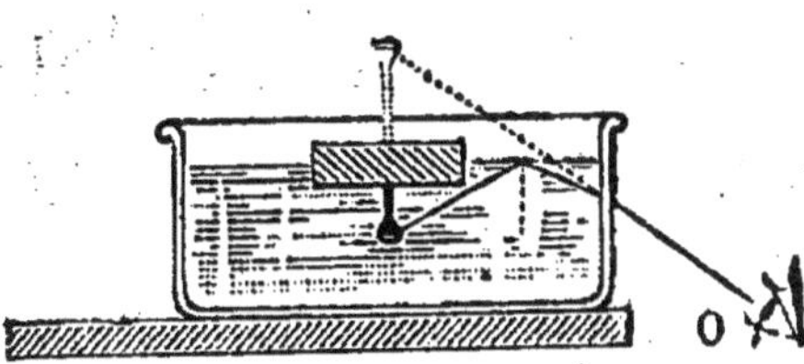

Fig. 45. — Expérience montrant la réflexion totale.

de longueur et on fait flotter le bouchon sur l'eau contenue dans un cristallisoir (*fig. 45*). D'après les dimensions qui viennent d'être indiquées, les rayons émis par le clou et rencontrant la surface de l'eau en dehors du bouchon ont une inclinaison supérieure à 48° (34). Il en résulte qu'il est impossible de voir le clou par réfraction, quelle que soit la position de l'œil au-dessus de la surface de l'eau ; mais en plaçant l'œil au-dessous de cette surface, en O par exemple, on recevra les rayons qui ont subi la réflexion totale et on verra au-dessus du bouchon une image virtuelle du clou.

36. Principaux phénomènes dus à la réfraction. — Parmi les phénomènes naturels qui sont des effets de la réfraction, nous citerons le relèvement apparent des objets immergés et le relèvement apparent des astres au-dessus de l'horizon.

I. Relèvement apparent des objets immergés. — Par suite de la réfraction, un objet qui se trouve dans l'eau paraît, en général, plus près de la surface qu'il ne l'est réellement. Soit, par exemple, un bâton plongé en partie dans l'eau (*fig.* 46), et considérons u n faisceau lumineux issu d'un point P de la partie immergée.

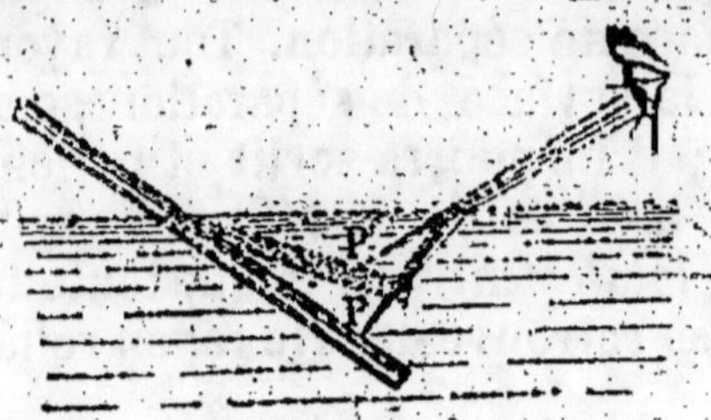

Fig. 46. — Apparence brisée d'un bâton plongé en partie dans l'eau.

Les rayons qui composent ce faisceau s'écartent de la normale en passant de l'eau dans l'air, et les prolongements des rayons réfractés se coupent en un point P' plus rapproché de la surface que le point P.

Comme chacun des points de la partie immergée semble relevé de même vers la surface de l'eau, on s'explique pourquoi le bâton paraît brisé au point où il pénètre dans le liquide.

Mettons maintenant une pièce de monnaie au fond d'une cuvette vide à parois opaques (*fig.* 47) et éloignons-nous jusqu'à ce qu'un rayon OE partant de l'extrémité E de la pièce de monnaie et rasant le bord de la cuvette arrive seul à l'œil. Si, restant dans cette position, nous faisons verser doucement de l'eau dans

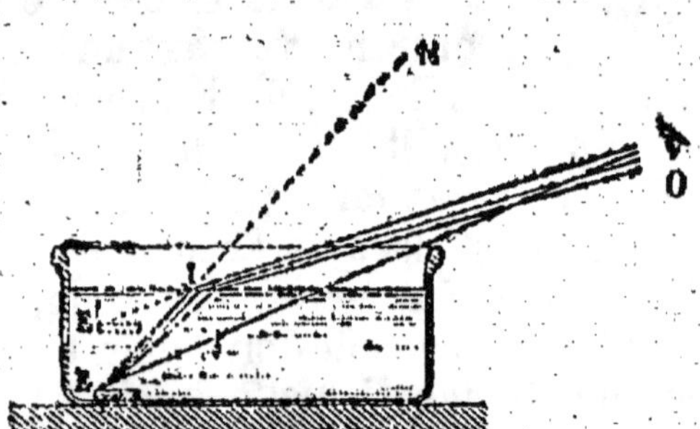

Fig. 47. — Déplacement apparent d'une pièce de monnaie vue dans l'eau.

la cuvette, la pièce devient visible dès que l'eau a atteint une certaine hauteur; elle paraît relevée, ainsi que le fond de la cuvette.

II. Réfraction atmosphérique. — On sait que les couches gazeuses qui constituent l'atmosphère augmentent de densité en se rapprochant du sol. Il en résulte qu'un rayon tel que SI, issu d'un astre (*fig.* 48), éprouve en se propageant dans l'atmosphère une série de déviations qui le rapprochent de plus en plus de la normale. Un observateur placé en O voit l'astre suivant la direction OS' du dernier rayon réfracté. Les astres paraissent donc plus élevés sur l'horizon qu'ils ne le sont réellement.

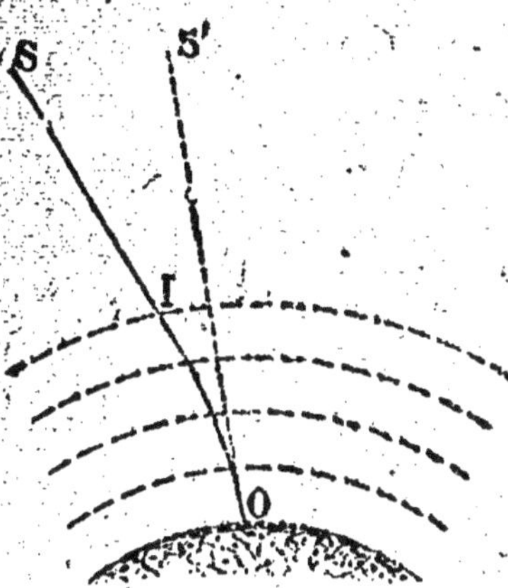

Fig. 48. — Effet de la réfraction atmosphérique.

C'est à cause de cette réfraction atmosphérique que l'on voit le Soleil tout entier, quand rien ne le masque, avant même que son sommet ait émergé au-dessus de l'horizon. La journée se trouve de ce fait allongée le matin. Elle se trouve également allongée le soir, car le Soleil est encore visible un certain temps après qu'il est passé sous l'horizon.

III. Retour inverse de la lumière. — Si l'on regarde obliquement à travers une lame transparente à faces parallèles, toutes les droites paraissent déplacées dans le même sens, mais elles restent parallèles entre elles. Soit un rayon SI partant du point lumineux S et tombant en I sur la lame (*fig.* 49); il se réfracte en traversant la lame et fait avec la normale un angle $r < i$.

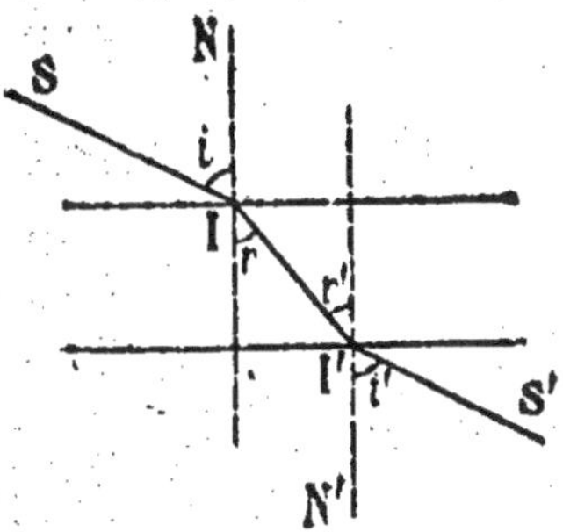

Fig. 49. — Retour inverse de la lumière.

Ce rayon arrive en I' à la face de sortie, faisant avec la normale un angle r' égal à r; il sort sous l'angle i', égal à l'angle i.

RÉFRACTION DANS LES PRISMES

37. Définitions. — *On appelle prisme, en Optique, tout milieu* *transparent compris entre deux faces planes qui se coupent* (*fig.* 50).

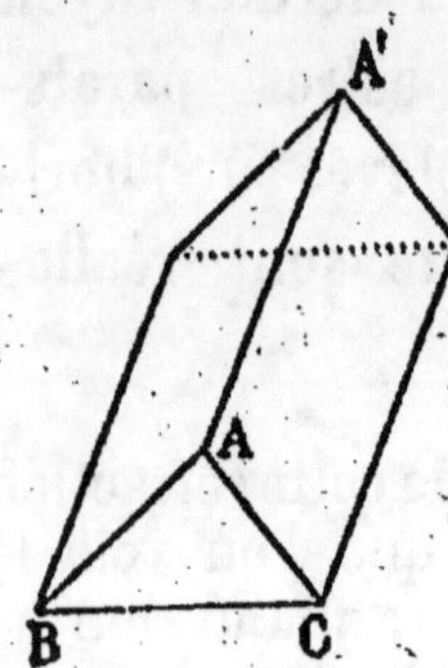

Fig. 50. — Prisme.

L'intersection AA', de ces deux faces constitue l'*arête réfringente* du prisme ; l'angle dièdre qu'elles forment est *l'angle réfringent*. Le prisme est limité par une *base*, taillée parallèlement à l'arête réfringente, et qui n'intervient pas dans la marche des rayons étudiés.

Les prismes sont ordinairement montés sur un support qui permet de leur donner une position quelconque (*fig.* 51).

38. Marche des rayons à travers un prisme. — Soit ABC (*fig.* 52) une section principale d'un prisme, c'est-à-dire une section faite par un plan perpendiculaire à l'arête, et soit SI un rayon incident. Ce rayon, pénétrant dans un milieu plus réfringent que l'air, se rapproche de la normale IN et prend une direction II'.

En I', si le rayon fait avec la normale I'N' un angle plus petit que 48° (34), il éprouve une nouvelle

Fig. 51. — Prisme pour expériences de cours.

réfraction, et passant alors dans un milieu moins réfringent, il s'écarte de la normale I'N' et émerge dans la direction I'S'. L'angle D que fait 'e prolongement du rayon

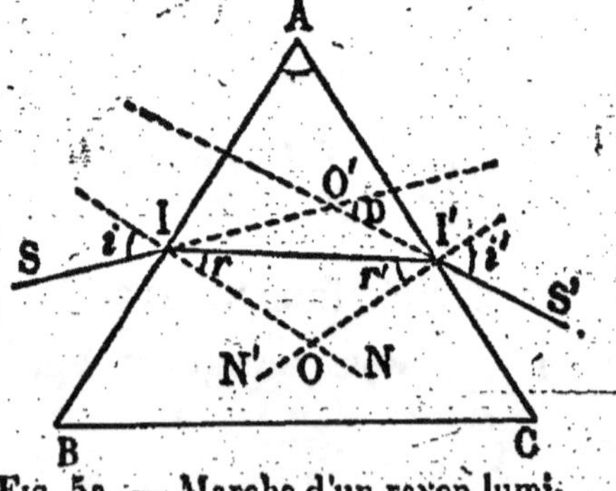

Fig. 52. — Marche d'un rayon lumineux à travers un prisme.

émergent I'S' avec le prolongement du rayon SI s'appelle **la** *déviation*.

On voit que chacune des deux réfractions a pour effet d'abaisser le rayon vers la base du prisme. Il en résulte que l'œil qui reçoit les rayons émergents provenant d'un point P (*fig.* 53) voit le point P en P' sur la direction prolongée de ces rayons et relevé vers l'arête réfringente. Le point P' est l'image *virtuelle* du point P. Toutefois les images ainsi observées sont plus ou moins confuses ; elles présentent en outre des contours irisés, à cause de la décomposition de la lumière qui a traversé le prisme (64).

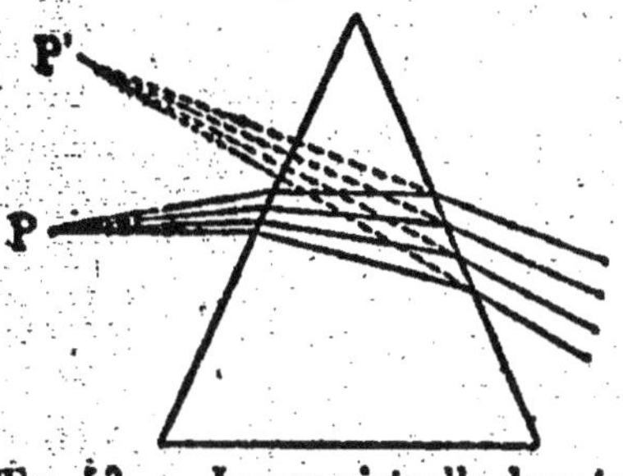

Fig. 53. — Image virtuelle donnée par un prisme.

39. Variations de la déviation. — L'expérience montre que la déviation croît avec l'angle du prisme et avec la nature de la substance dont il est formé. De plus, pour un prisme d'angle et de substance donnés, la déviation varie avec l'angle d'incidence. Elle a la plus petite valeur possible (*minimum de déviation*) lorsque le rayon incident et le rayon émergent sont également inclinés sur les deux faces du prisme (*fig.* 54). Les angles d'incidence et d'émergence étant alors égaux, il en est de même des angles de réfraction intérieurs.

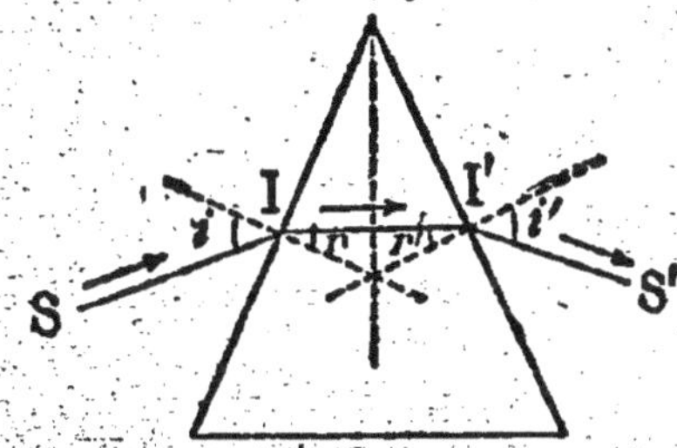

Fig. 54. — Minimum de déviation.

40. Applications des prismes. — Les prismes sont employés dans une foule d'instruments d'optique ; ils font partie essentielle des *spectroscopes*, instruments destinés à étudier la décomposition de la lumière provenant des différen tes sources lumineuses ; des *chambres claires* des dessinateurs, etc.

Prismes à réflexion totale. — Ce sont des prismes en verre dont la section droite est un triangle rectangle isocèle (*fig.* 55). Considérons un rayon lumineux SI qui tombe normalement sur la face BA. Il entre dans le prisme sans subir de déviation et continue sa marche en ligne droite jusqu'à l'hypoténuse BC. Là, il fait avec la normale ON un angle de 45°, supérieur à l'angle limite des rayons qui peuvent se réfracter dans l'air, angle qui est d'environ 42°; le rayon est donc réfléchi

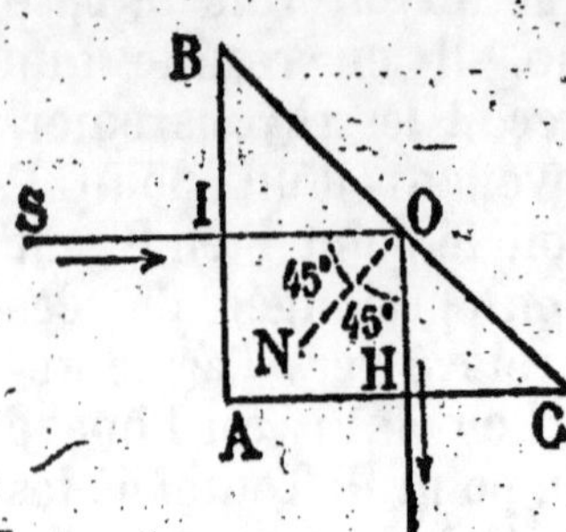

Fig. 55. — Prisme à réflexion totale.

totalement, et comme il prend la direction OH normale à la face AC, il sort sans déviation.

On voit que, dans un pareil prisme, l'hypoténuse joue le rôle d'un *miroir plan*, miroir qui est *parfait* puisque la réflexion totale n'est accompagnée d'aucune perte de lumière.

Les prismes à réflexion totale sont substitués avantageusement aux miroirs plans dans les appareils destinés à projeter des objets transparents placés horizontalement, dans les phares, etc.

RÉSUMÉ DU CHAPITRE VI

Lorsqu'un rayon lumineux rencontre obliquement la surface polie d'un corps transparent, une partie de la lumière pénètre dans ce corps en suivant une direction différente de celle du rayon incident. Ce phénomène est appelé *réfraction*. L'angle de réfraction est l'angle que fait le rayon réfracté avec la normale à la surface au point d'incidence.

Deux cas peuvent se présenter pour la réfraction :

1° Le second milieu est *plus réfringent* que le premier (passage de l'air dans l'eau). Le rayon réfracté se rapproche de la normale ;

2° Le second milieu est *moins réfringent* que le premier (passage de l'eau dans l'air). Le rayon réfracté s'écarte de la normale.

Les principaux phénomènes dus à la réfraction sont le relèvement apparent des objets immergés et le relèvement des astres au-dessus de l'horizon.

On appelle *prisme* en Optique un milieu transparent limité par deux faces planes qui se coupent.

Lorsqu'un rayon lumineux rencontre un prisme, il y pénètre en se rapprochant de la normale à la face d'entrée. Arrivé sur la deuxième face, s'il fait avec la normale à cette face un angle inférieur à l'angle limite, il émerge du prisme en s'écartant de la normale. Ces deux réfractions successives abaissent le rayon vers la base du prisme. La déviation est l'angle formé par le rayon émergent avec le prolongement du rayon incident.

La déviation croît avec l'angle du prisme et avec l'indice de réfraction ; elle varie avec l'incidence et passe par un minimum, correspondant au cas où $i = i'$, $r = r'$.

Les prismes font partie des spectroscopes, des chambres claires, etc.

EXERCICE SUR LE CHAPITRE VI

10. Étudier la réfraction qui se produit lorsqu'un rayon lumineux traverse obliquement une lame transparente à faces parallèles.

CHAPITRE VII

LENTILLES

---

41. Définitions. — *Les lentilles sont des disques formés d'une substance transparente et dont l'épaisseur va en diminuant ou en augmentant du centre aux bords.* Les lentilles *convergentes* font converger les rayons vers l'axe. On les appelle aussi len tilles à *bords minces* parce que leur épaisseur décroît depuis le milieu jusqu'aux bords.

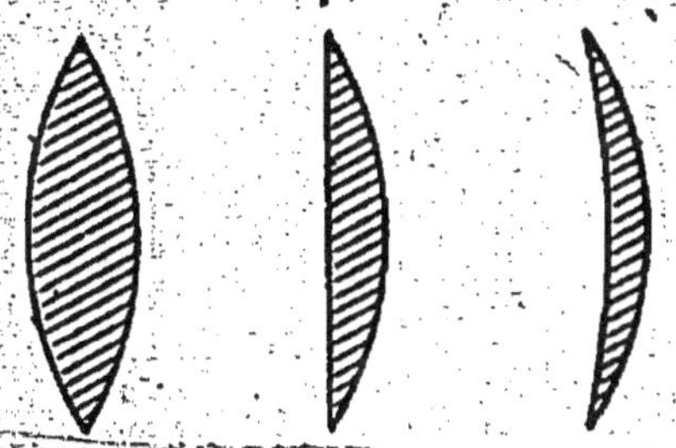

Fig. 56. — Lentilles convergentes.

Elles comprennent trois types (*fig.* 56) : la lentille biconvexe, la lentille plan-convexe et le ménisque convergent.

imité par deux surfaces sphériques dont les centres sont
situés du même côté.

Les lentilles *divergentes* tendent, au contraire, à faire
diverger les rayons de l'axe.
Ce sont des lentilles à *bords
épais*, dont l'épaisseur décroît depuis les bords jusqu'au
milieu. Elles comprennent
également trois types (*fig.*
57) : la lentille biconcave, la
lentille plan-concave et le ménisque divergent.

Fig. 57. — Lentilles divergentes.

LENTILLES CONVERGENTES

42. Marche d'un rayon dans une lentille convergente.
— Considérons un rayon SI tombant sur une lentille biconvexe dans un plan
passant par l'axe
principal, c'est-à-
dire par la droite
qui joint les cen-
tres de courbure
(*fig.* 58). Ce rayon,
en pénétrant dans
la lentille, se rap-
proche de la nor-
male IC. En I', il

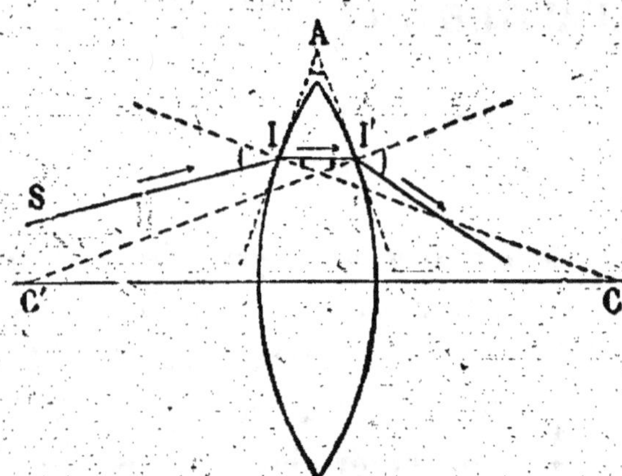

Fig. 58. — Marche d'un rayon dans une
lentille biconvexe.

émerge et s'écarte de la normale I'C'. Ces deux réfractions
successives ont pour effet, l'une et l'autre, de rejeter le
rayon vers l'axe principal. La lentille a produit sur le rayon
SI le même effet que le prisme BAC (38).

Pour étudier les lentilles, on admet qu'elles sont suffisamment *minces* pour qu'on puisse négliger leur épaisseur et qu'elles ne reçoivent que des rayons peu éloignés de l'axe principal. — Nous représenterons une lentille convergente par une simple ligne droite terminée par deux pointes de flèche, comme ci-contre.

43. Réfraction des rayons parallèles. — Lorsqu'une lentille convergente reçoit un faisceau de rayons parallèles à l'axe principal, l'expérience montre qu'ils vont converger, après réfraction, en un point F situé sur l'axe principal (*fig*. 59). Ce point est un *foyer principal*, et sa distance à la lentille est la *distance focale principale*. Comme les

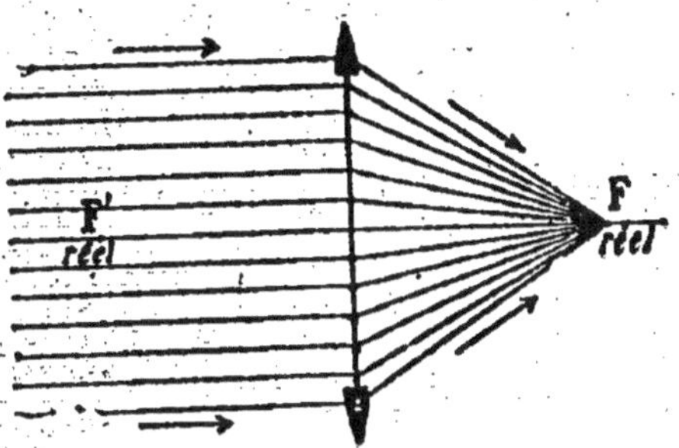

Fig. 59. — Réfraction des rayons parallèles à l'axe principal.

rayons parallèles peuvent tomber sur l'une ou l'autre face de la lentille, il y a *deux foyers principaux*. Ces foyers sont tous deux réels ; ils sont placés de part et d'autre à la même distance de la lentille.

Réciproquement, si l'on place un point lumineux en F ou en F', les rayons qui tombent sur la lentille émergent du côté opposé au point lumineux et forment un faisceau parallèle à l'axe principal.

Pour obtenir *approximativement* la distance focale d'une lentille convergente, on place devant la lentille, à une assez longue distance, la flamme d'une bougie ; puis on déplace un écran de l'autre côté jusqu'à ce qu'on obtienne une image très nette et on mesure la distance qui sépare la lentille de l'écran. On fait ensuite la même opération en retournant la lentille et on prend pour distance focale la moyenne des deux opérations.

Puissance d'une lentille. — On appelle *puissance*, ou encore *convergence* d'une lentille, l'inverse de sa distance focale.

Cette puissance s'évalue en *dioptries*. La dioptrie est la puissance d'une lentille ayant 1^m de distance focale. D'après cela, la puissance d'une lentille convergente ayant $0^m,10$ de distance focale est de $\dfrac{1}{0,10} = 10$ dioptries.

44. Images données par les lentilles convergentes. — Les lentilles convergentes donnent, comme les miroirs concaves, des images réelles ou des images virtuelles.

Pour étudier la formation des images réelles, on se sert encore, comme pour les miroirs, d'un écran blanc opaque, et d'une source lumineuse quelconque (bougie, bec de gaz).

I. L'objet est situé au delà du foyer principal. — La flamme étant disposée de manière que son milieu se trouve sensiblement sur l'axe principal de la lentille, on cherche par tâtonnement avec l'écran, de l'autre côté de la lentille, le lieu où l'image se forme avec le plus de netteté. On constate ainsi que, la flamme étant éloignée le plus possible, l'image formée sur l'écran est petite et renversée (*fig.* 60). Si la flamme est approchée

Fig. 60. — Image réelle donnée par une lentille convergente (image plus petite que l'objet).

jusqu'au double de la distance focale, l'image est de même grandeur. En conduisant peu à peu la flamme jusqu'au foyer, on constate que la distance de l'écran à la lentille doit être plus grande que le double de la distance focale pour qu'on ait une image nette, laquelle est renversée et agrandie (*fig.* 61).

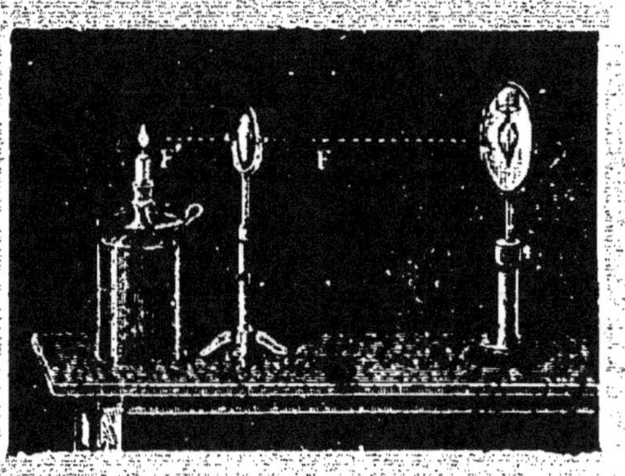

Fig. 61. — Image réelle donnée par une lentille convergente (image plus grande que l'objet).

MARCHE DES RAYONS. — Nous considérons encore le cas le plus simple, celui où l'objet est une petite droite AP perpendiculaire à l'axe principal et limitée à cet axe.

Dans une lentille d'épaisseur négligeable, il existe un point jouissant de cette propriété que, pour tout rayon incident passant par ce point, le rayon émergent est dans le prolongement du rayon incident. Ce point, situé à l'intersection O de la lentille par l'axe principal (*fig.* 62), est

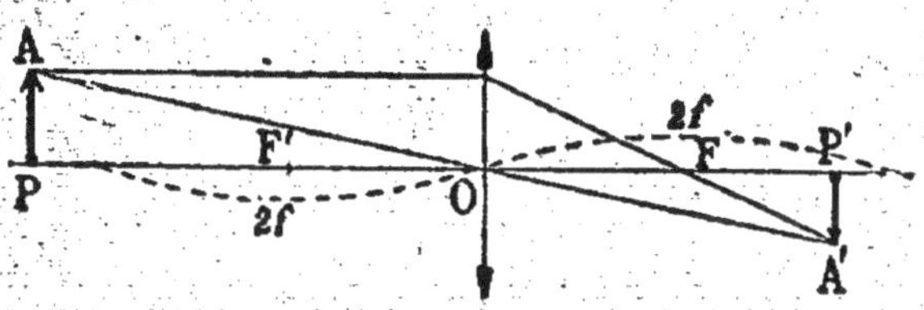

Fig. 62. — Image d'un objet placé au delà du double de la distance focale principale.

appelé le *centre optique* de la lentille. Tout rayon qui passe par le centre optique s'appelle *axe secondaire*.

Cela posé, on obtient facilement l'image de AP en menant d'abord un axe secondaire AO, puis un autre rayon partant également de A mais parallèle à l'axe principal. Ce dernier rayon passe, après réfraction, par le foyer F ; son intersection A' avec l'axe AO est l'image ou, comme on dit, le *conjugué* du point A. En abaissant du point A' une perpendiculaire sur l'axe principal, on obtient A'P', qui est l'image de la droite AP. Cette image est *réelle, renversée* et *plus petite* que AP.

Si la distance de AP à la lentille est égale à $2f$, une construction analogue à la précédente montre que l'image est réelle, renversée, mais *égale* à l'objet et symétrique de l'objet par rapport au centre optique.

Si la distance de l'objet AP à la lentille, tout en étant supérieure à la distance focale *f*, est inférieure à 2*f*, l'image est encore réelle, renversée par rapport à l'objet, mais elle est *plus grande* que l'objet. A mesure que AP se rapproche de F', son image s'éloigne de la lentille et grandit. Enfin, lorsque l'objet est placé en F', il n'y a plus d'image ; les rayons issus du point A, par exemple, émergent de la lentille parallèlement à l'axe secondaire de ce point.

II. L'objet est situé entre la lentille et le foyer principal. — Lorsque la distance de la flamme est inférieure à la distance focale, il ne se forme plus d'image réelle ; mais l'œil placé au delà de la lentille sur le trajet des rayons divergents voit une image *virtuelle, droite* et *agrandie.*

MARCHE DES RAYONS. — En faisant une construction analogue à celle que nous avons indiquée plus haut, on verrait que IA étant inférieur à OF' et à OF (*fig.* 63), les prolongements de l'axe secondaire OA et du rayon réfracté IF se coupent du même côté que l'objet. L'image ne peut être reçue sur un écran ; on l'aperçoit en plaçant l'œil du côté du foyer F, sur le trajet des rayons divergents. Plus l'objet se rapproche de la lentille, plus l'image s'en rapproche aussi.

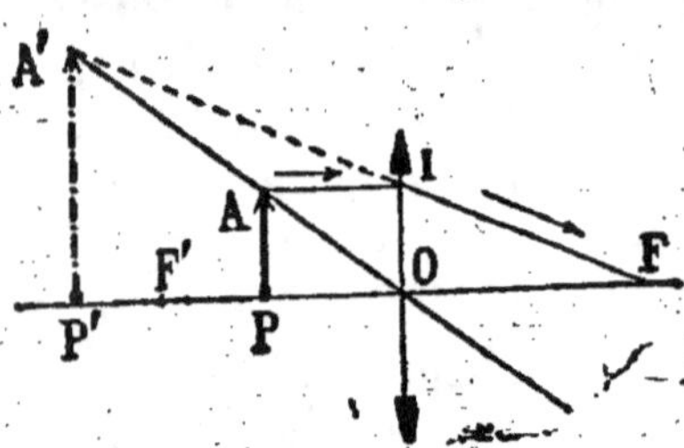

Fig. 63. — Image d'un objet placé entre la lentille et le foyer F'.

Les formules que nous avons données pour les miroirs concaves (28) s'appliquent aux lentilles convergentes. On a encore $\frac{1}{p} + \frac{1}{p'} = \frac{1}{f}$ quand l'image est réelle, $\frac{1}{p} - \frac{1}{p'} = \frac{1}{f}$ quand l'image est virtuelle, p et p' représentant les distances respectives de l'objet et de l'image à la lentille. Le rapport des grandeurs de l'image et de l'objet est aussi égal à $\frac{p'}{p}$.

APPLICATION. — *Une droite de 10^{cm} est placée verticalement à 90^{cm} d'une lentille convergente dont la distance focale est 30^{cm}. On demande la position de l'image et le rapport des dimensions de l'image et de l'objet.*

La droite étant placée au delà de $2f$, l'image est réelle, renversée et se forme de l'autre côté de la lentille entre f et $2f$. On a $\frac{1}{90} + \frac{1}{p'} = \frac{1}{30}$, d'où $p' = 45^{cm}$. On a aussi $\frac{A'P'}{10} = \frac{45}{90}$, d'où $A'P' = 5^{cm}$.

45. Applications des lentilles convergentes. — Les lentilles convergentes constituent la partie essentielle de presque tous les instruments d'optique tels que loupes, microscopes, lunettes, appareils de projection, appareils photographiques, etc. On les utilise sous la forme de *lentilles à échelons* pour concentrer en un même point la chaleur solaire et, dans les phares, pour envoyer des rayons parallèles à de grandes distances.

Dans les *phares,* la source lumineuse, ordinairement un arc voltaïque, est placée au foyer commun de plusieurs systèmes de lentilles à échelons (*fig. 64*). Tous les rayons émergents sont parallèles entre eux, et l'éclairement qu'ils produisent peut être transmis à une grande distance. Un mécanisme d'horlogerie fait mouvoir le système de lentilles d'un mouvement uniforme autour de la source lumineuse, de manière à éclairer successivement tous les points de l'horizon. Suivant la rapidité du mouvement, la durée des éclipses intermittentes qui se produisent pour un même point de l'horizon est plus ou moins grande, et c'est cette durée qui sert à distinguer les phares entre eux ou bien d'avec un

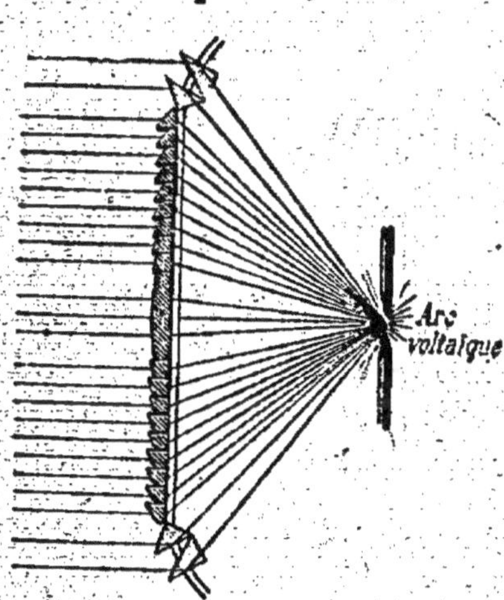

Fig. 64. — Coupe de l'une des lentilles à échelons d'un phare.

feu accidentel. Dans beaucoup de phares on place d'ailleurs des verres colorés devant les systèmes de lentilles. Les colorations des feux, ainsi que les intervalles de leurs éclipses sont réglementés pour chaque phare et connus des marins.

LENTILLES DIVERGENTES

46. Marche d'un rayon dans une lentille divergente. — Considérons un rayon SI dans un plan passant par l'axe principal d'une lentille divergente (*fig.* 65). Ce rayon se rapproche de la normale CI en pénétrant dans la lentille ; il s'écarte de la normale C'I' en sortant.

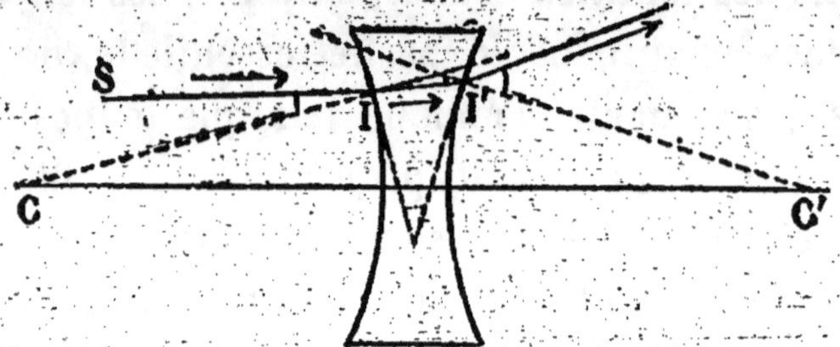

Fig. 65. — Marche d'un rayon dans une lentille divergente.

Ces deux réfractions successives ont pour effet l'une et l'autre de l'écarter de l'axe principal. Tout se passe comme si le rayon avait traversé le prisme formé par les plans tangents aux points I et I'

Nous représenterons une lentille divergente par une simple ligne droite, terminée, comme ci-contre, par un symbole inverse de celui des lentilles convergentes.

47. Réfraction des rayons parallèles. — Lorsque des rayons tombent sur une lentille divergente parallèlement à l'axe principal, ils sortent de la lentille en s'écartant de ce axe (*fig.* 66). Les prolongements géométriques des rayon émergents viennent rencontrer l'axe principal en un poin F, situé du même côté de la lentille que les rayons incidents. Ce point F est un *foyer principal virtuel*. Sa distance à la lentille est la *distance focale principale*.

Une lentille divergente possède deux foyers principaux virtuels F et F', situés de part et d'autre de la lentille, à égale distance.

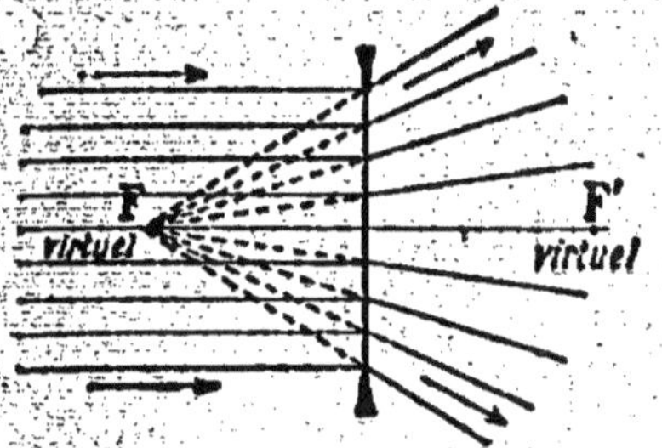

Fig. 66. — Réfraction de rayons parallèles à l'axe principal.

Pour constater l'existence des foyers principaux virtuels, on oriente la lentille de façon que son axe principal prolongé passe sensiblement par le centre du Soleil. En plaçant l'œil dans le faisceau divergent qui sort de la lentille, on voit un petit cercle très brillant situé du côté de la face d'entrée des rayons lumineux.

48. Images données par les lentilles divergentes. — Tout objet lumineux placé devant une lentille divergente donne une image *virtuelle, droite et plus petite* que l'objet.

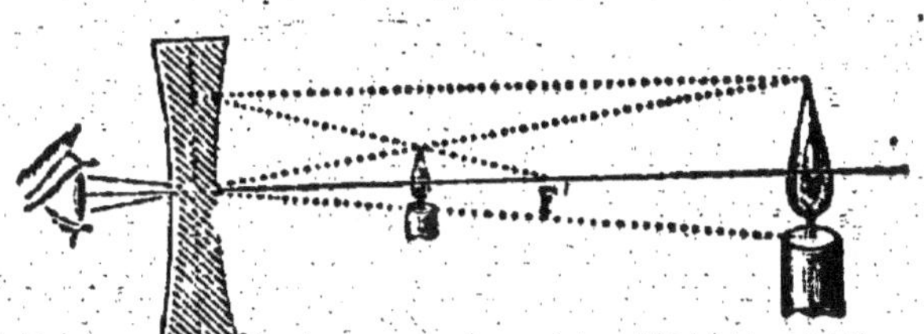

Fig. 67. — Image d'un objet réel donnée par une lentille divergente.

Cette image semble se former entre la lentille et le foyer situé du même côté que l'objet ; on ne peut la voir qu'en plaçant l'œil dans la direction du faisceau émergent (*fig.* 67). A mesure que l'objet se rapproche de la lentille, l'image s'en rapproche aussi.

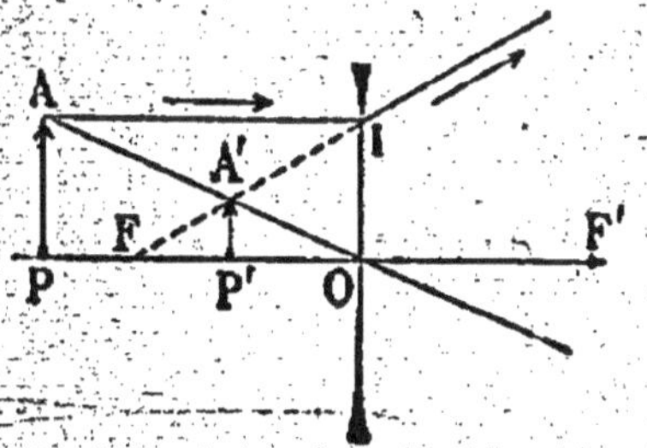

Fig. 68. — Image d'une droite donnée par une lentille divergente.

MARCHE DES RAYONS. — Soit AP une droite perpendiculaire à l'axe principal et limitée à cet axe (*fig.* 68). Du point A on mène un axe secondaire AO, puis un rayon parallèle AI. Ce dernier s'écarte de l'axe principal après réfraction ; mais son prolongement vient couper l'axe principal en F. L'intersection A' de IF et de AO est l'image du point A. On abaisse ensuite la perpendiculaire A'P' sur l'axe principal.

La formule s'appliquant aux lentilles divergentes est $\frac{1}{p} - \frac{1}{p'} = -\frac{1}{f}$. Le rapport des grandeurs de l'image et de l'objet est aussi égal à $\frac{p'}{p}$.

49. Applications des lentilles divergentes. — Les lentilles divergentes sont utilisées dans quelques instruments d'optique, comme la lunette de Galilée (62). On les accole aux lentilles convergentes pour former des systèmes dits *achromatiques*, c'est-à-dire des systèmes au travers desquels la lumière blanche est réfractée sans être décomposée (64).

RÉSUMÉ DU CHAPITRE VII

Les lentilles sont limitées par deux surfaces sphériques ou par une surface sphérique et une surface plane. Les lentilles *convergentes* sont à bords minces ; elles font converger les rayons vers l'axe. Les lentilles *divergentes* sont à bords épais ; elles tendent à écarter les rayons de l'axe.

Lorsqu'une lentille convergente reçoit des rayons parallèles à l'axe principal, ils vont converger, après réfraction, en un foyer situé sur l'axe principal au delà de la lentille. Il y a deux *foyers principaux*, situés de part et d'autre à la même distance de la lentille.

Les lentilles convergentes donnent des images *réelles* lorsque la distance de l'objet à la lentille est supérieure à la distance focale principale, et des images *virtuelles* lorsque l'objet est placé entre la lentille et l'un de ses foyers. Les images réelles sont renversées ; les images virtuelles sont droites et agrandies.

Lorsque les rayons qui rencontrent une lentille divergente sont parallèles à l'axe principal, ils s'écartent de cet axe, et les prolongements des rayons réfractés se coupent en un point situé du côté d'où est venue la lumière. Ce point est un foyer principal virtuel.

Tout objet lumineux placé devant une lentille divergente donne une image virtuelle, droite, plus petite que l'objet.

EXERCICES SUR LE CHAPITRE VII

11. Construire l'image d'une droite AP perpendiculaire à l'axe

principal d'une lentille convergente et limitée à cet axe. On admettra que la droite est placée successivement à une distance $2f$ de la lentille et à une distance comprise entre f et $2f$.

12. Une droite de 15^{cm} est placée verticalement à 45^{cm} d'une lentille convergente dont la distance focale est 40^{cm}. On demande la position de l'image et le rapport des dimensions de l'image et de l'objet.

13. La distance focale d'une lentille convergente est 15^{cm}. A quelle distance de la lentille faut-il placer un objet pour que l'on obtienne une image réelle 25 fois plus grande? Où faut-il placer l'écran ?

14. Une droite de 10^{cm} est placée à 25^{cm} d'une lentille divergente dont la distance focale est 20^{cm}. On demande la longueur de l'image et sa distance à la lentille.

CHAPITRE VIII

NOTIONS SUR LA VISION

---

50. Description de l'œil. — L'ensemble de l'œil est constitué par la *sclérotique* (*fig.* 69), membrane blanche qui donne insertion aux muscles produisant les mouvements de l'œil. Cette membrane présente à la partie postérieure une ouverture pour le passage du *nerf optique* ; elle forme en avant une calotte transparente, de courbure un peu plus forte ; c'est la *cornée transparente*.

Derrière la cornée transparente se trouve un muscle, l'*iris*, percé en son centre d'une ouverture circulaire appelée *pupille*.

Des fibres musculaires situées dans l'épaisseur de l'iris dilatent la pupille ou la rétrécissent de manière à régler la quantité de lumière qui pénètre dans l'œil. L'espace compris entre l'iris et la cornée transparente est la *chambre anté-*

rieure de l'œil ; il est rempli par un liquide transparent, l *humeur aqueuse.*

L'iris est le prolongement d'une seconde membrane, la *choroïde,* qui tapisse intérieurement la sclérotique. La choroïde est très riche en vaisseaux sanguins ; sa partie interne contient un pigment noir qui rend obscur tout le fond de l'œil. Vers la partie antérieure, la choroïde se

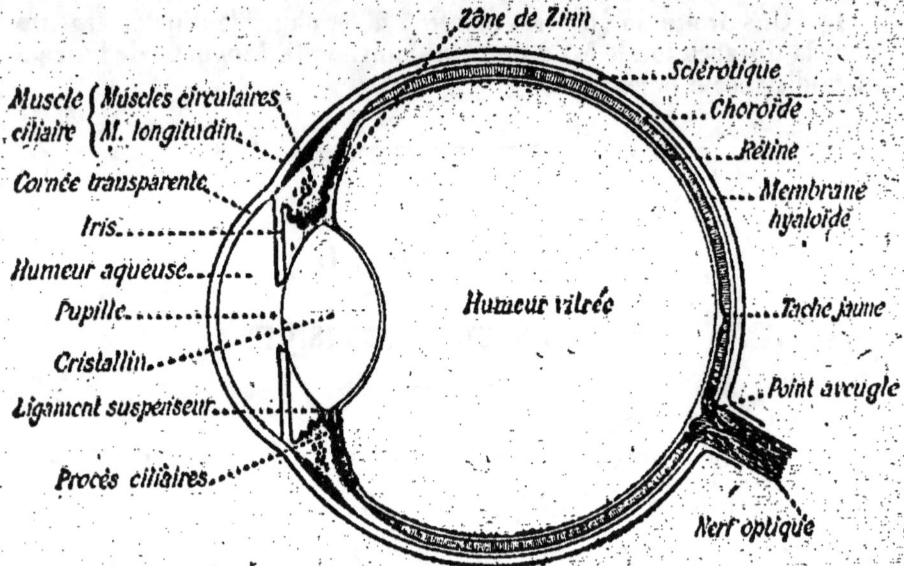

Fig. 69. — Coupe théorique de l'œil.

renfle pour former deux couches constituant la *région ciliaire.*

Immédiatement derrière l'iris se trouve le *cristallin,* lentille biconvexe transparente dont la face postérieure est plus bombée que la face antérieure. Une troisième membrane, la *rétine,* tapisse la face interne de la choroïde, elle est formée par l'épanouissement du nerf optique. Elle présente, au point où arrive le nerf optique, une saillie appelée *point aveugle* complètement insensible à la lumière, et, au centre du fond de l'œil, une petite dépression appelée *tache jaune*, très sensible à la lumière.

Tout l'espace compris entre le cristallin et la rétine (*chambre postérieure* de l'œil) est rempli par une substance gélatineuse transparente appelée *humeur vitrée*.

En résumé, l'œil peut être considéré comme composé de trois membranes : la sclérotique, la choroïde, la rétine, et de trois milieux réfringents : l'humeur aqueuse, le cristallin, l'humeur vitrée.

Les rayons lumineux émis sur l'œil par un point extérieur subissent une première déviation vers l'axe en traversant l'humeur aqueuse, qui est plus réfringente que l'air. Les rayons les plus écartés de l'axe sont arrêtés par l'iris ; les autres passent par la pupille et rencontrent le cristallin, qui augmente encore leur convergence. Ils subissent une dernière déviation dans l'humeur vitrée et tombent enfin sur la rétine. Cette membrane est sensible à la lumière ; elle semble recevoir une impression photographique qui donne naissance à la sensation lumineuse.

51. Formation des images sur la rétine. — D'après les considérations précédentes, l'œil doit donner des objets extérieurs des images *réelles* et *renversées*, qui se formeront sur la rétine si l'œil est bien conformé. C'est ce que l'expérience vérifie. Si l'on place une bougie en face d'un œil de bœuf dont on a enlevé la sclérotique et la choroïde dans la moitié postérieure, on voit se peindre sur la rétine l'image renversée de la bougie (*fig.* 70).

Il existe au fond de l'œil une *région aveugle*. Pour le constater, on marque sur une feuille de papier un point et un cercle noir de 1^{cm} de diamètre à 8^{cm} du point. On se place devant la feuille à 15^{cm} environ, puis on ferme l'œil droit et on regarde le point avec l'œil gauche ; on voit alors nettement le cercle. Si on s'écarte ensuite progressivement, on constate que pour une position déterminée de l'œil le cercle disparaît.

Pour que les images soient nettes, il faut qu'elles viennent se former *exactement* sur la rétine. Or, comme la distance de la rétine au cristallin est invariable, il semblerait que l'image ne doit pouvoir se former nettement sur la rétine que quand l'objet est à une distance bien déterminée de l'œil, toujours la même pour un même individu ; on pourrait

Fig. 70. — Expérience de Magendie.

penser qu'à une distance moindre, l'image doit se former en arrière de la rétine ; qu'à une distance plus grande elle doit se former en avant, et que dans les deux cas elle manquera de netteté. Il n'en est rien : l'œil a la propriété de *s'accommoder* aux distances variables des objets. Cette *accommodation* consiste en un changement de courbure de la face antérieure du cristallin, changement qui se produit sous l'influence du muscle ciliaire et de toute la région ciliaire (*fig.* 69).

Pour constater l'accommodation par l'expérience, on allonge un bras en dressant le pouce verticalement, puis on dispose l'autre main, le pouce dressé de même, à la moitié de la distance entre l'œil et le premier pouce, de ma-

nière à voir les deux presque en ligne droite. En regardant
le pouce le plus rapproché, on voit en même temps le second, mais on constate que ses bords ne sont pas nets. On
fait ensuite une observation inverse en regardant le pouce
le plus éloigné.

52. Œil normal. — On appelle œil *normal* un œil constitué de manière à donner *sans accommodation* une image
rétinienne nette d'un objet éloigné ; il peut voir nettement
aussi, mais en *accommodant*, les objets rapprochés qui
sont cependant encore à une certaine distance de lui (environ 15^{cm}).

Ainsi, pour un œil normal dont le cristallin a sa courbure
habituelle, les objets très éloignés apparaissent avec des
contours bien arrêtés ; les étoiles sont vues comme des
points brillants. A mesure que l'objet se rapproche, la face
antérieure du cristallin se courbe progressivement pour
éviter le déplacement de l'image rétinienne, et l'objet est
encore vu nettement. Mais il y a une limite à l'accommodation : la courbure du cristallin ne peut dépasser une certaine valeur, et lorsque l'objet se trouve à une distance de
l'œil inférieure à 15^{cm} environ, l'œil est incapable de le voir
nettement, quelque effort qu'il fasse. Cette distance limite
de 15^{cm} s'appelle la *distance minima de la vision distincte*
Pour mesurer approximativement sa distance minima, on
place une plume très près de l'œil, puis on l'écarte progressivement jusqu'à ce qu'on la voie nettement. On mesure alors la distance de la plume à l'œil.

53. Œil myope. — On dit qu'un œil est myope lorsqu'il
ne voit pas nettement au delà de quelques mètres. D'un
autre côté, la distance minima de la vision distincte d'un

myope est inférieure à 15^{cm} ; elle peut n'être que de quelques millimètres.

La myopie est due à ce que le diamètre antéro-postérieur de l'œil est trop long ; l'image d'un objet très éloigné se forme alors en avant de la rétine. On corrige la myopie par l'emploi de lentilles divergentes, qui font diverger les rayons arrivant à l'œil et reportent l'image en arrière, sur la rétine, si la distance focale de ces verres est convenablement choisie.

Soient P le point le plus rapproché que le myope peut voir nettement, P' le point le plus éloigné, LL' une lentille divergente appliquée contre l'œil (*fig.* 71). Un rayon partant d'un point lumineux A situé au delà du point P' est dévié par la lentille et arrive à l'œil comme s'il venait du point A', situé entre P et P'. Ce point sera donc vu distinctement.

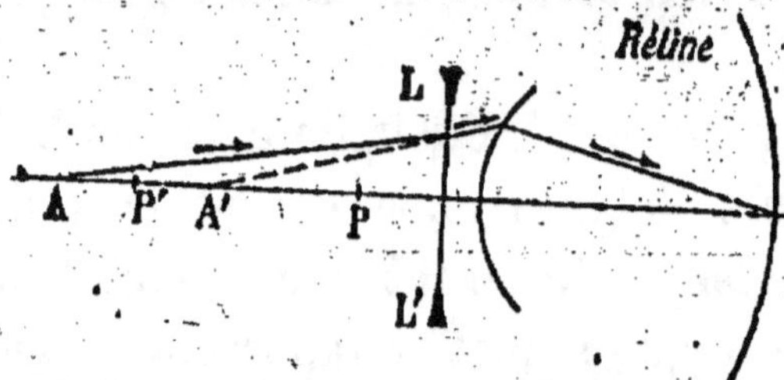

Fig. 71. — Correction de la myopie.

La myopie est une véritable maladie de l'œil, quelquefois héréditaire, mais le plus souvent acquise. Elle provient alors d'efforts répétés et prolongés pour regarder de très près de petits objets ; aussi est-elle surtout répandue dans la classe studieuse.

54. Œil hypermétrope. — L'hypermétropie est l'inverse de la myopie. Le diamètre antéro-postérieur de l'œil hypermétrope est très court, de sorte que l'image d'un objet très éloigné se fait en arrière de la rétine. La distance minima de la vision distincte est alors supérieure à celle d'un œil normal et la vision des objets même éloignés exige un effort d'accommodation.

On remédie à l'hypermétropie par l'usage de lentilles convergentes de distance focale convenable ; ces lentilles font converger les rayons lumineux et ramènent l'image en avant, sur la rétine.

Soit un point lumineux A placé en deçà du point P le plus rapproché que l'hypermétrope peut voir nettement (*fig.* 72). Appliquons devant l'œil une lentille convergente. Un rayon partant de A sera rapproché de l'axe principal

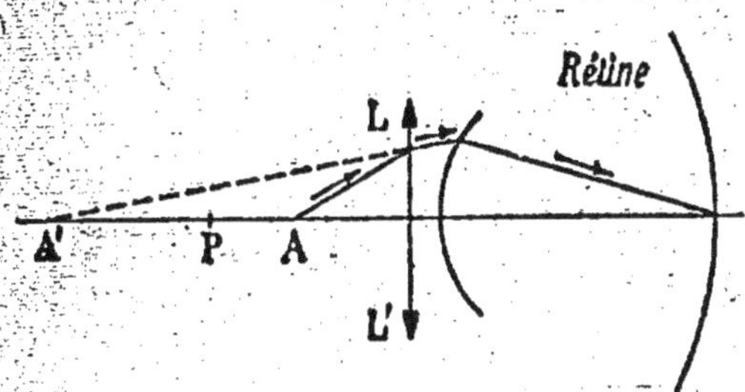

Fᴵᴳ. 72. — Correction de l'hypermétropie.

de la lentille et tombera sur l'œil comme s'il partait du point A′ situé au delà de P. Le point A sera donc vu nettement.

55. Œil presbyte. — La presbytie est un défaut d'accommodation dû à l'affaiblissement du muscle ciliaire (*fig.* 69). A mesure que l'on avance en âge, la puissance d'accommodation diminue : ce qui fait augmenter la distance minima de la vision distincte. En devenant presbyte, un œil hypermétrope continue donc à n'avoir aucune vision nette, et un œil myope tend à ne plus distinguer que ce qui est à la distance de vision sans accommodation.

Pour corriger la presbytie, on fait usage, selon les cas, de verres convexes ou concaves. En cas de presbytie accentuée il faut disposer de plusieurs verres pour pouvoir voir à des distances différentes.

56. Diamètre apparent. — Les milieux réfringents de

l'œil se comportent, dans leur ensemble, comme un système convergent ayant un centre optique (44) situé à une petite distance de la face postérieure du cristallin.

On appelle diamètre apparent d'une dimension linéaire AP d'un objet, dans une position déterminée, l'angle formé par les droites menées du centre optique de l'œil aux extrémités de cette dimension (*fig.* 73).

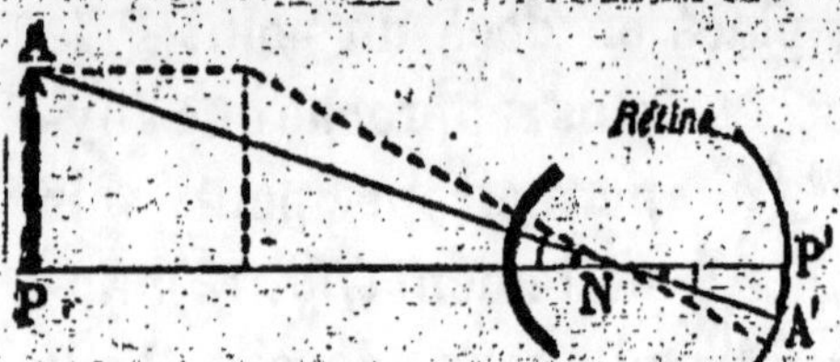

Fig. 73. — Diamètre apparent d'une dimension linéaire.

Quand la dimension AP se rapproche de l'œil, son diamètre apparent augmente progressivement ainsi que la grandeur de l'image rétinienne ; les détails de AP deviennent de plus en plus distincts. D'après cela, si l'on veut apercevoir un objet de grandeur déterminée avec le plus de détails possible, il faut le placer à la distance *minima* de la vision distincte. Plus cette distance est petite, mieux l'œil est capable de distinguer les petits détails d'un objet. C'est pour cela qu'un œil myope voit plus gros les petits objets qu'un œil normal.

Fig. 74. — Praxinoscope.

57. Persistance des impressions lumineuses sur la rétine. — L'action de la lumière sur la rétine peut être très courte, mais l'impression qu'elle produit persiste cependant $\frac{1}{10}$ de seconde après la disparition du corps lumineux. Si les images rétiniennes se succèdent plus vite qu'elles ne s'effacent, on a une sensation unique. Tout le monde sait, par exemple, qu'un charbon ardent que l'on fait tourner rapidement donne l'impression d'un cercle lumineux.

Cette propriété sert de base à une foule d'appareils comme le *praxinoscope* (*fig.* 74), le *cinématographe*, etc.

La disposition générale de tous ces appareils est analogue : une série de dessins ou de photographies identiques, mais représentant les phases successives d'une scène animée, défilent devant l'œil, soit directement, soit en projection. Si ce défilé est suffisamment rapide pour que les impressions discontinues qui en résultent pour l'œil se reproduisent au bout d'un temps moindre que $\frac{1}{10}$ de seconde, l'œil, réunissant l'une à l'autre ces diverses impressions, a l'illusion du mouvement.

RÉSUMÉ DU CHAPITRE VIII

L'œil est formé de membranes et de milieux réfringents transparents. Les membranes sont, de dehors en dedans : la *sclérotique*, qui forme en avant la cornée transparente ; la *choroïde*, qui se termine à la partie antérieure par un diaphragme (iris) percé d'une ouverture centrale (pupille) ; la *rétine*, formée par l'épanouissement du nerf optique. Les milieux réfringents sont : l'*humeur aqueuse*, située entre l'iris et la cornée transparente ; le *cristallin*, sorte de lentille biconvexe placée derrière l'iris ; l'*humeur vitrée*, occupant toute la partie postérieure de l'œil.

L'œil donne des objets extérieurs des images réelles et renversées qui doivent se former exactement sur la rétine pour être perçues nettement. Il ne peut voir simultanément un objet rapproché et un objet lointain, mais il peut les voir successivement en modifiant la courbure de la face antérieure du cristallin (*accommodation*).

Un œil est *normal* lorsqu'il donne sans accommodation une image nette des objets éloignés ; en accommodant, il peut voir nettement aussi les objets rapprochés qui sont cependant encore à une distance d'environ 15^{cm} (distance minima de la vision distincte).

Un œil est *myope* lorsqu'il ne peut voir nettement les objets placés au delà d'une certaine distance qu'on appelle distance maxima de la vision distincte ; la distance minima est moindre que pour un œil normal. La myopie se corrige par l'emploi de lentilles divergentes.

Dans un œil *hypermétrope*, l'image d'un objet situé à l'infini se fait en arrière de la rétine.

La *presbytie* est un défaut d'accommodation qui est dû à l'affaiblissement du muscle ciliaire et croît régulièrement avec l'âge. On remédie à ce défaut par l'emploi de lentilles convergentes ou divergentes, selon les cas.

L'impression produite par la lumière sur la rétine persiste pendant $\frac{1}{10}$ de seconde après la disparition du corps lumineux. On utilise cette propriété dans le praxinoscope, le cinématographe, etc.

CHAPITRE IX

PRINCIPAUX INSTRUMENTS D'OPTIQUE

58. Loupe. — *La loupe est une lentille convergente à court foyer, qui, donnant des petits objets des images virtuelles agrandies, permet de mieux distinguer les détails de ces objets que par l'observation directe.*

Marche des rayons. — Supposons que la lentille constituant la loupe ait une épaisseur négligeable et ne puisse être traversée que par des rayons peu écartés de l'axe principal. Soient F et F' ses foyers principaux (*fig.* 75).

Pour qu'un objet ait une image virtuelle, il faut, comme nous l'avons vu, qu'il soit placé entre la lentille et l'un de ses foyers. Soit

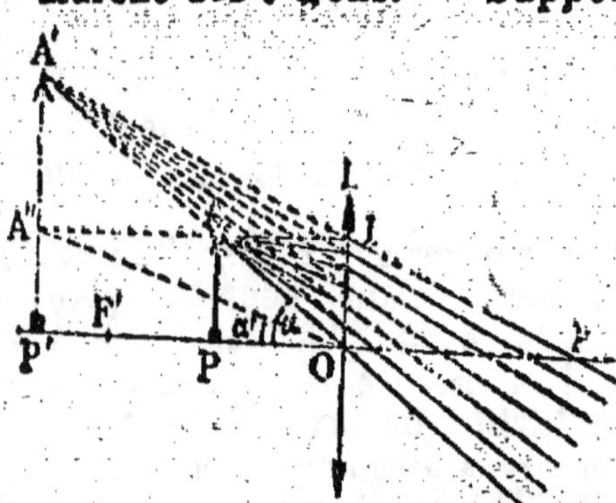

Fig. 75. — Marche des rayons dans la loupe.

donc AP une dimension linéaire de l'objet, limitée par l'axe principal. La construction ordinaire montre que son image A'P' est *virtuelle, droite, agrandie.*

Pour faire usage d'une loupe, on la place habituellement contre l'œil, puis on *met au point* en diminuant progressivement la distance de l'objet à la lentille jusqu'à ce que l'image apparaisse le plus distinctement possible. La distance de l'image à l'œil est alors sensiblement égale à la distance minima de la vision distincte.

La loupe étant supposée placée contre l'œil, le diamètre apparent α de l'image est le même que celui de l'objet ; mais, sans le secours de la loupe, on ne verrait l'objet que s'il était placé en A'P', à la distance minima de la vision distincte. Il serait vu alors sous un diamètre apparent α' inférieur à α. On s'explique ainsi pourquoi une loupe permet d'apercevoir des détails qui échapperaient à l'observation directe.

Grossissement d'une loupe. — *Le grossissement d'une loupe, pour un observateur déterminé, est le rapport $\dfrac{\alpha}{\alpha'}$ des diamètres apparents sous lesquels cet observateur voit deux dimensions linéaires homologues de l'image et de l'objet, l'image et l'objet étant examinés tous deux à la distance minima de sa vue.*

On démontre par le calcul que le grossissement a pour valeur le rapport $\dfrac{\delta}{f}$, δ désignant la distance minima de la vision distincte de l'observateur et f la distance focale principale de la loupe. On voit que le grossissement d'une loupe est d'autant plus fort que δ est plus grand ; un hypermétrope gagne donc plus qu'un myope à faire usage de la loupe, mais, d'un autre côté, l'hypermétrope, quand il observe à l'œil nu, doit placer les objets à une distance δ plus grande que le myope et il ne voit pas les détails aussi distinctement que ce dernier.

Applications. — Les loupes sont d'une grande utilité en botanique, en minéralogie ; on les emploie pour faciliter les dissections, pour graver, pour lire les cartes, observer les miniatures, compter les fils des étoffes, etc.

Les *loupes à main* ont ordinairement une monture en maillechort avec un manche en bois noir (*fig.* 76). Dans les loupes à recouvrement (*fig.* 77), on monte souvent à la fois plusieurs lentilles de puissances croissantes. Enfin les *loupes des horlogers* et *des graveurs* sont montées à l'extrémité d'un tube dont on maintient l'extrémité avec l'arcade sourcillière. La longueur du tube est alors égale à la distance focale de la loupe, et dans ce cas les objets doués de relief sont vus à travers la loupe sans déformation.

Fig. 76. — Loupe à main.

Fig. 77. — Loupe à recouvrement.

59. Microscope. — *Le microscope est destiné principalement à faciliter la vision d'objets que leur petitesse ne permet pas d'observer à la loupe.* Il est formé essentiellement d'une lentille convergente (*objectif*), qui donne d'un petit objet une image réelle, renversée, agrandie, et d'une lentille également convergente (*oculaire*), qui joue par rapport à cette image le rôle de loupe et lui substitue une image virtuelle, droite et agrandie. L'image observée à travers l'oculaire est donc renversée par rapport à l'objet.

Marche des rayons. — La figure 78 représente la construction des images dans un microscope supposé réduit à deux lentilles seulement. Une petite dimension linéaire AP, placée à une distance de l'objectif L un peu supérieure à la distance focale principale F'O, donne l'image renversée

P'A'. Cette image réelle s'observe à travers l'oculaire L', disposé de manière à jouer le rôle de loupe.

L'objet à examiner repose sur un support fixe. L'objectif et l'oculaire, invariablement liés entre eux, sont assu-

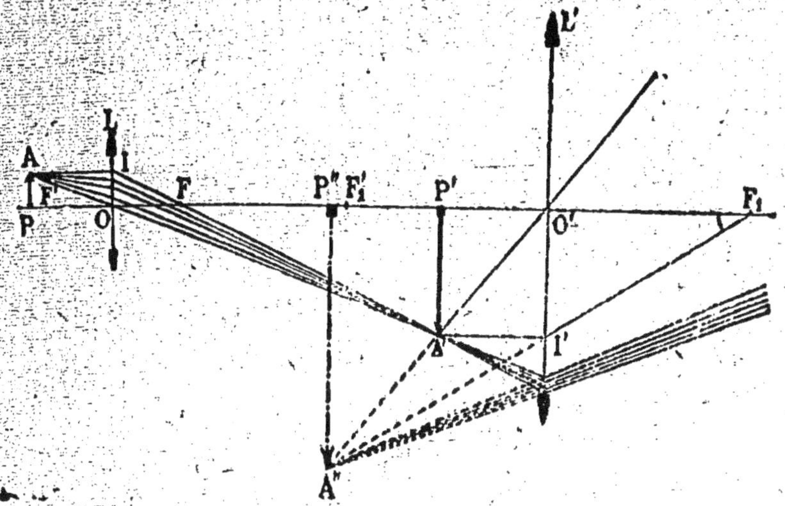

Fig. 78. — Construction des images dans un microscope simplifié.

jettis aux deux extrémités d'un tube. On *met au point* en déplaçant le tube tout entier par rapport à l'objet, de manière que l'image virtuelle P"A" vienne se former sensiblement à la distance minima de la vision distincte. L'œil de l'observateur doit être placé, pour recevoir le plus de rayons possible, au foyer F_1 de l'oculaire.

Le *grossissement* d'un microscope, pour un observateur déterminé, se définit, comme celui de la loupe : le rapport des diamètres apparents sous lesquels cet observateur voit l'image et l'objet, l'image et l'objet étant examinés tous deux à la distance minima de sa vue. Ce grossissement est égal au produit du grossissement de l'objectif par celui de l'oculaire.

Description. — Dans les microscopes ordinaires (*fig.* 79), le corps de l'instrument se compose d'un tube de cuivre T aux extrémités duquel sont assujettis l'objectif et l'oculaire. Ce tube peut glisser à frottement doux dans un autre tube T', assujetti dans un collier. Ce dernier est fixé à la colonne creuse C ; une vis à pas très petit est placée dans l'axe de cette colonne et permet de monter ou de descendre tout le corps du microscope, afin de l'éloigner ou de le rapprocher de l'objet que l'on observe. — Les objets que l'on veut observer sont placés entre deux lames de verre, lesquelles sont maintenues par deux lames à ressort sur une plate-forme (*platine*) percée d'une ouverture centrale. Au-dessous de la platine est un miroir concave (*réflecteur*), qui renvoie sur les objets la lumière diffuse de l'atmosphère ou celle d'une lampe ; il est monté à articulations, de manière à pouvoir prendre toutes les positions possibles. Une lentille L, fixée latéralement sur le corps du microscope, et qui peut se rabattre, sert à éclairer les objets opaques.

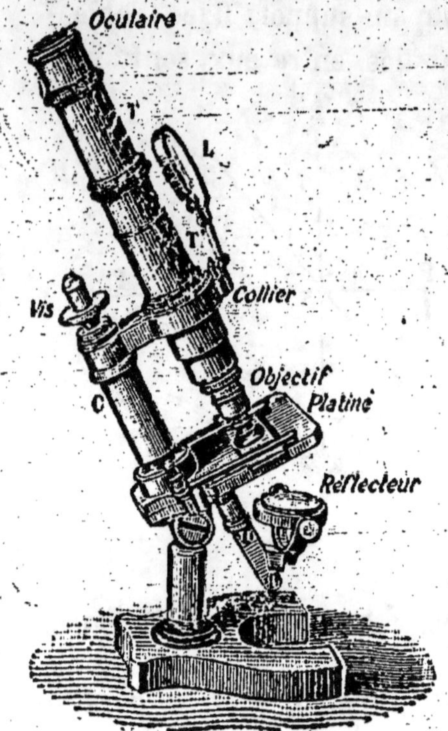

Fig. 79. — Microscope ordinaire.

Applications. — Les microscopes sont utilisés pour toutes les recherches ordinaires de botanique, d'histologie ; pour observer les insectes, les infusoires ; pour reconnaître les falsifications des farines, des fécules, du thé, etc.; pour les recherches de médecine légale, pour les études bactériologiques, etc.

60. Lunette astronomique. — La lunette astronomique, ainsi appelée parce qu'elle sert principalement à l'étude des astres, donne des images *renversées*. —

Marche des rayons. — Soient L l'objectif et L' l'oculaire (*fig.* 80). Nous supposons que l'objet est assez éloigné pour que les rayons qu'il envoie sur l'objetif puissent être considérés comme parallèles. Son image réelle, renversée et très diminuée, se forme alors en FA', dans le plan focal principal de l'objectif (43). L'objet ne se figure pas; la lunette est dirigée de manière que l'axe principal PO et l'axe secondaire AO, indéfiniment prolongés, aillent passer

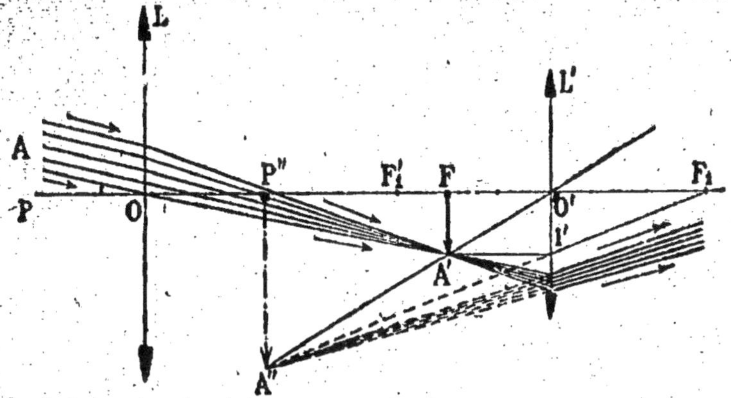

Fig. 80. — Marche des rayons dans la lunette astronomique.

par les extrémités de l'objet. L'image FA' se comporte comme un objet par rapport à l'oculaire dont le foyer principal F', est un peu à gauche de F. Cette lentille fournit une image virtuelle P"A", renversée par rapport à l'objet. On voit sur la figure la marche d'un petit faisceau issu de l'extrémité A de l'objet.

La *mise au point*, dans une lunette astronomique, ne peut s'effectuer qu'en faisant varier la distance des deux lentilles. Pour cela, l'oculaire étant enchâssé dans une portion mobile du tube de la lunette, on le rapproche ou on l'éloigne de l'objectif jusqu'à ce que l'image P"A" apparaisse le plus nettement possible

Grossissement. — Le grossissement d'une lunette astronomique est le rapport du diamètre apparent d'une dimension linéaire de l'image vue dans la lunette, au diamètre apparent de la dimension homologue de l'objet vu à l'œil nu.

Ce grossissement est égal au rapport des distances focales de l'objectif et de l'oculaire ; il est donc indépendant de la vue de l'observateur.

Description. — La figure 81 représente une lunette astronomique ordinaire. L'objectif est assujetti à l'extrémité d'un gros tube en laiton ; à l'autre extrémité de ce tube s'engagent deux tubes de moindre diamètre dont l'un porte l'oculaire. Un bouton commandant une crémaillère intérieure permet d'enfoncer plus ou moins le tube porte-oculaire. La lunette est montée sur un pied en laiton, de manière à pouvoir exécuter un mouvement vertical ou un mouvement horizontal. Plusieurs oculaires de rechange permettent de faire varier le grossissement (ordinairement de 75 à 250).

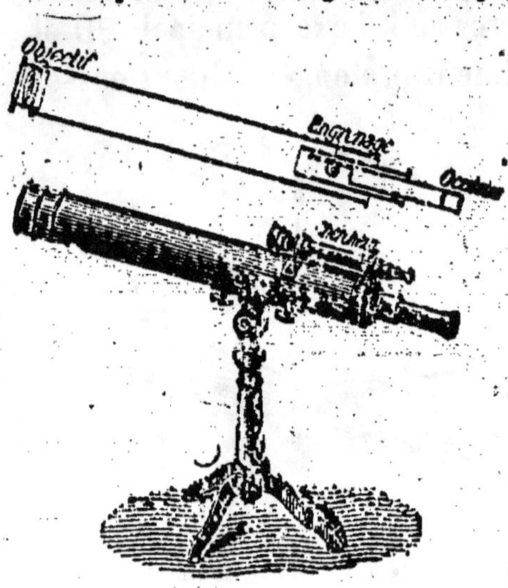

Fig. 81. — Lunette astronomique.

Usages. — Outre son emploi dans les observatoires pour les mesures et les recherches d'astronomie, la lunette astronomique s'adapte à une foule d'instruments de mesure et d'observation. Nous citerons notamment, parmi les instruments de physique, les boussoles de déclinaison, les spectroscopes, destinés à étudier la décomposition de la lumière par les milieux transparents ; parmi les instruments d'arpentage, les niveaux à longue portée.

61. Lunette terrestre. — La lunette terrestre, appelée

aussi *longue-vue*, est destinée, comme son nom l'indique, à l'observation des objets terrestres. Elle diffère essentiellement de la lunette astronomique en ce que les images y sont redressées par deux lentilles convergentes interposées entre l'objectif et l'oculaire.

Les deux lentilles interposées ont la même distance focale et la distance qui les sépare est égale à la distance.

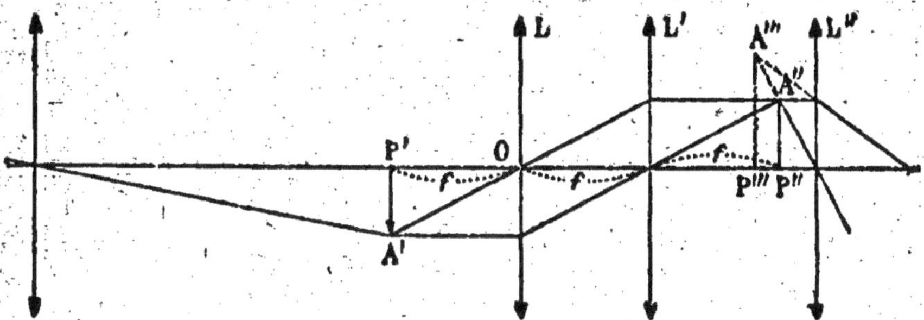

Fig. 82. — Marche des rayons dans la lunette terrestre

focale commune (*fig.* 82). L'image réelle P'A' donnée par l'objectif se forme dans le plan qui contient le foyer antérieur de la première lentille L. Les rayons issus du point A' sortent de la lentille parallèlement à l'axe secondaire A'O; ils tombent sur la seconde lentille L' qui donne une image droite A"P". Cette image s'observe à travers l'oculaire L" disposé de manière à jouer le rôle de loupe.

Les longues-vues sont employées par les marins, les offi-

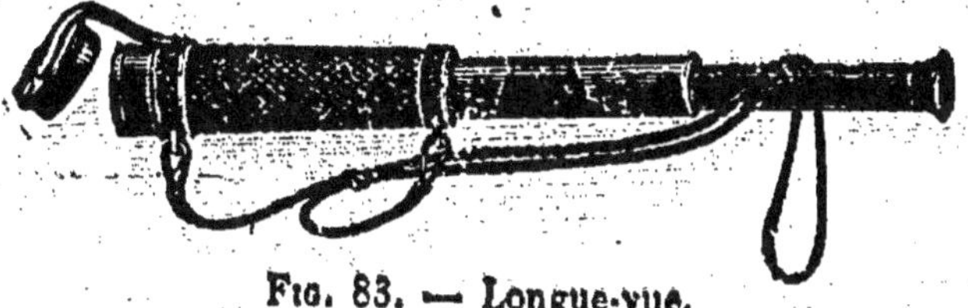

Fig. 83. — Longue-vue.

ciers, les touristes. Elles sont d'un très bon emploi par les temps sombres et sont surtout convenables pour voir à l'horizon les objets perdus dans la brume. Le système redresseur et l'oculaire sont fixés dans un même tube, qui est à tirage pour la mise au point (*fig.* 83).

62. Lunette de Galilée. — Cette lunette donne des images droites, comme la lunette terrestre, mais le redressement des images fournies par l'objectif y est obtenu par un système *divergent*, qui joue en même temps le rôle d'oculaire. Cette disposition évite la perte de lumière que produirait l'interposition de lentilles supplémentaires ; elle permet en même temps de réduire la longueur de l'instrument ; aussi la lunette de Galilée est-elle la plus courte des lunettes.

Marche des rayons. — L'objectif convergent L donnerait d'un objet éloigné une image réelle et renversée à une très petite

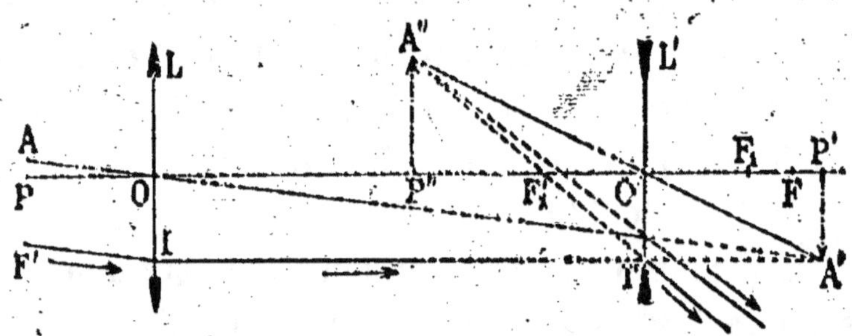

Fig. 84. — Construction des images dans la lunette de Galilée.

distance au delà de son premier foyer F (*fig.* 84) ; mais on ne laisse pas cette image se former. On interpose l'oculaire divergent L', de manière que sa distance O'P' à l'image P'A' soit un peu supérieure à sa distance focale principale O'F$_1$.

Pour obtenir le conjugué virtuel du point A', considérons un rayon II' qui, provenant du point A de l'objet, tomberait sur l'oculaire parallèlement à l'axe principal et passerait par A' si l'oculaire était enlevé. Ce rayon est dévié par l'oculaire de façon que son prolongement passe par le foyer virtuel situé à gauche de la lentille. L'intersection A' de ce prolongement avec l'axe secondaire correspondant au point A' est l'image du point A. L'œil placé contre l'oculaire voit en A'P' une image virtuelle, agrandie et renversée par rapport à P'A', c'est-à-dire droite par rapport à l'objet de diamètre apparent AOP.

Fig. 85. — Jumelle.

Usages. — La lunette de Galilée donne des images plus claires que la lunette terrestre. Le plus souvent on assujettit deux lunettes de Galilée parallèlement : on a ainsi les *jumelles* (*fig*. 85).

RÉSUMÉ DU CHAPITRE IX

La *loupe* est une simple lentille convergente. L'objet étant placé entre cette lentille et son foyer, l'œil met au point de manière à voir l'image virtuelle à la distance minima de la vision distincte.

La loupe permet de mieux distinguer les détails des objets que par l'observation directe.

Le *microscope* donne des images renversées. Il se compose d'un objectif convergent qui donne d'un très petit objet une image réelle, renversée, amplifiée, et d'un oculaire jouant le rôle de loupe et transformant cette image en une image virtuelle, encore amplifiée.

La mise au point se fait en déplaçant par rapport à l'objet le tube qui porte l'objectif et l'oculaire.

La *lunette astronomique* sert principalement à l'étude des astres. Elle se compose d'un objectif convergent à grande surface et à long foyer qui donne d'un objet éloigné une image réelle, renversée, située dans son plan focal. Un oculaire à court foyer joue le rôle de loupe et donne une image virtuelle, renversée par rapport à l'objet.

La *lunette terrestre* ou longue-vue diffère de la lunette astronomique en ce que les images y sont redressées par deux lentilles.

Dans la *lunette de Galilée*, l'oculaire est une lentille divergente qui donne des images droites sans l'interposition de lentilles supplémentaires.

CHAPITRE X

DISPERSION DE LA LUMIÈRE

63. Définition. — Lorsqu'on fait tomber sur un prisme de la lumière *blanche,* comme la lumière du Soleil, d'une bougie, non seulement les rayons émergents ne sont plus dans la direction des rayons incidents, mais ils sont écartés les uns des autres et nuancés de vives couleurs. Ce phénomène a reçu le nom de *dispersion* de la lumière.

64. Spectre solaire. — Lorsqu'on reçoit sur un écran blanc un ensemble cylindrique de rayons venant du Soleil ou de l'arc voltaïque, on obtient une image blanche et circulaire du Soleil (*fig.* 86). Si l'on interpose sur le trajet des rayons un prisme à arête horizontale, on voit sur l'écran une image allongée verticalement

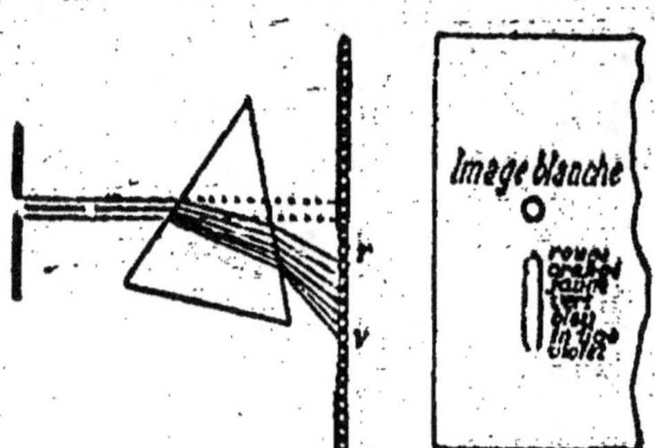

Fig. 86. — Dispersion de la lumière.

et comprenant sept couleurs dont les noms suivent et qui sont rangées par ordre de déviation croissante :

Rouge, orangé, jaune, vert, bleu, indigo, violet.

(Lus dans l'ordre inverse, ces sept mots forment un alexandrin facile à retenir.)

L'image colorée est ce qu'on appelle le *spectre.*

Si, au lieu de recevoir les rayons réfractés sur un écran, on regardé à travers un prisme une ouverture éclairée, on voit une image virtuelle de chacune des couleurs du spectre. Cette image est un spectre *virtuel*; elle présente le violet du côté de l'arête et le rouge du côté de la base (*fig.* 87).

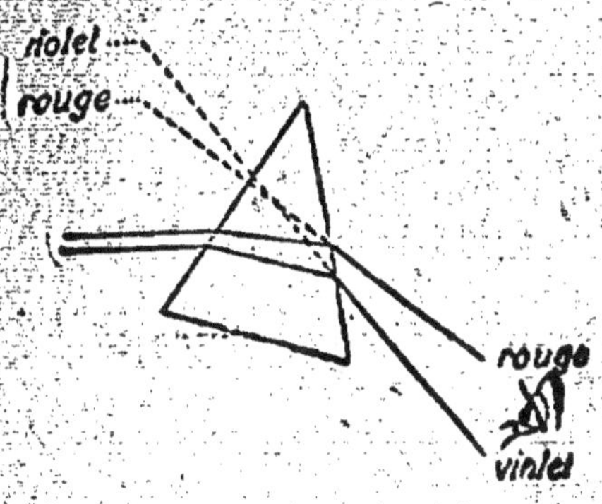

Fig. 87. — Observation d'un spectre virtuel.

Raies du spectre solaire. — Le spectre solaire n'est pas absolument *continu*; il présente un grand nombre d'intervalles obscurs très étroits, parallèles à l'arête du prisme, occupant toujours respectivement la même position dans le spectre pour une même substance réfringente. Ces intervalles s'appellent les *raies* du spectre. Avec les spectroscopes puissants dont on dispose aujourd'hui, on en voit plus de 4 000.

65. Explication de la dispersion. — On reçoit un spectre provenant du soleil ou de l'arc voltaïque sur un écran (*fig.* 88), et l'on pratique dans l'écran une ouverture étroite de manière à ne laisser passer qu'une petite portion du spectre qui paraisse de même teinte dans toute son étendue, le violet par exemple.

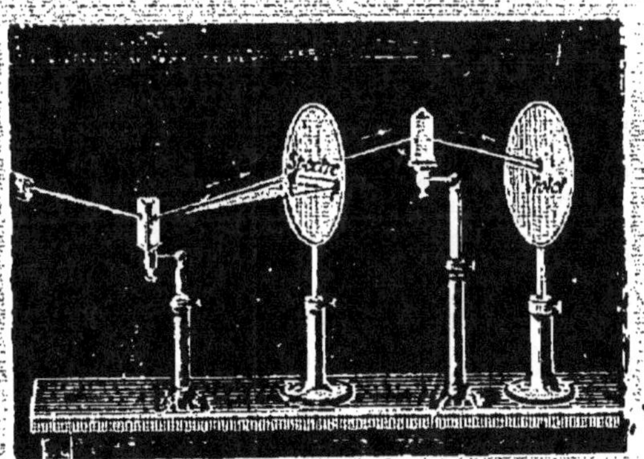

Fig. 88. — Expérience montrant que chaque couleur du spectre est simple.

En faisant tomber ce faisceau coloré sur un second prisme à arête verticale, une nouvelle déviation a lieu, mais l'image reçue après cette déviation sur un écran ne fournit pas de couleur nouvelle ; elle conserve la couleur du faisceau qui passe par l'ouverture du premier écran.

On déduit de cette expérience que *la lumière blanche est la superposition d'une infinité de lumières simples diversement colorées.*

Si l'on fait tourner le prisme qui fournit le spectre autour de son arête réfringente, de manière à recevoir successivement sur l'ouverture du premier écran les diverses couleurs, on constate que la déviation produite par le second prisme vers sa base va en croissant quand on passe du rouge au violet. Or, pour un prisme d'angle donné et pour une même incidence, la déviation ne dépend que de l'indice de réfraction. Donc, l'indice de réfraction des diverses couleurs du spectre croît, comme la déviation, depuis le rouge jusqu'au violet.

68. Recomposition de la lumière. — La superposition des couleurs du spectre reproduit la lumière blanche.

Pour le démontrer, on se sert d'un disque (*fig.* 89) sur lequel on a collé des secteurs en papier présentant successivement les sept couleurs principales du spectre. En donnant au disque ainsi préparé un mouvement de rotation rapide autour d'un axe

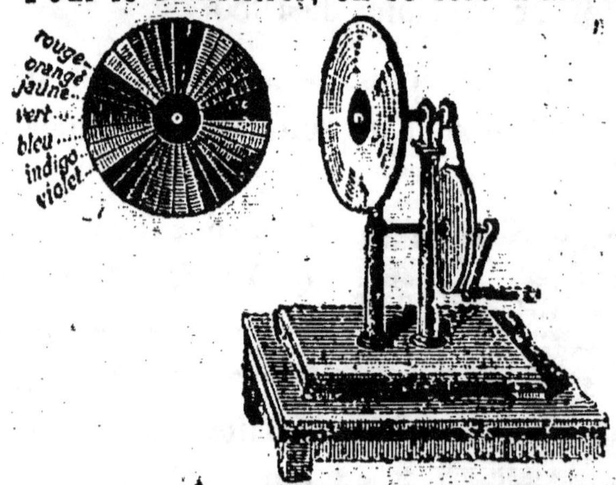

Fig. 89. — Disque rotatif pour la recomposition de la lumière blanche.

passant par son centre, la surface du disque paraît blanche, ou du moins d'un blanc gris, ce qui est dû à la persistance des impressions lumineuses sur la rétine.

On peut aussi recomposer la lumière blanche par un second prisme. On prend deux prismes de même substance et de

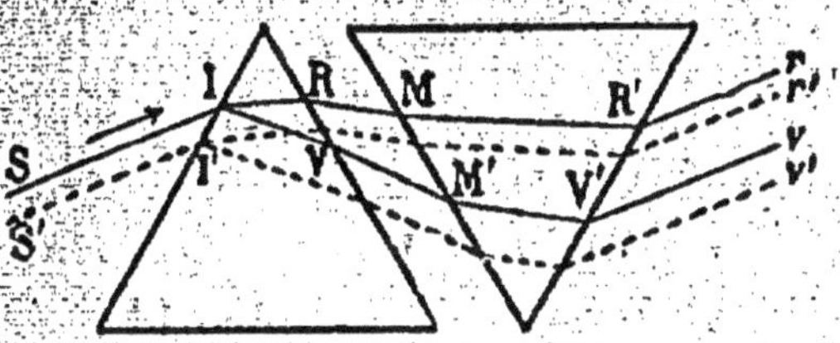

Fig. 90. — Recomposition de la lumière blanche par un second prisme.

même angle réfringent et on les place en sens inverse l'un de l'autre, de manière que les faces en regard soient parallèles (*fig.* 90). Si l'on fait tomber de la lumière solaire sur le premier prisme, les rayons qui sortent du second prisme donnent sur un écran une image blanche, présentant seulement quelques irisations sur son bord supérieur et sur son bord inférieur.

67. Couleur des corps. — Les corps ne sont pas colorés par eux-mêmes, la coloration qu'ils présentent quand ils sont éclairés par la lumière blanche résulte de la manière inégale dont ils agissent sur les diverses couleurs qui constituent cette lumière.

Coloration par transparence. — Les corps transparents qui nous paraissent *incolores*, comme le verre ordinaire, l'eau sous une faible épaisseur, sont ceux qui laissent passer en quantités égales toutes les couleurs, en sorte que la lumière transmise présente la même composition que la lumière incidente. Les corps transparents qui nous paraissent *colorés* sont ceux qui laissent passer certaines couleurs et en absorbent d'autres. Ainsi, quand on interpose entre un prisme et un faisceau de lumière blanche un verre coloré en rouge, le spectre se réduit sensiblement à la partie rouge, les autres couleurs étant absorbées par le verre.

Coloration par diffusion. — Les corps non transparents dépolis ne sont visibles que par la lumière qu'ils diffusent.

Ils paraissent *blancs* s'ils diffusent également toutes les couleurs simples du spectre. Ils paraissent *rouges*, par exemple, s'ils ne diffusent que les rayons rouges, ou un ensemble de rayons dont la superposition donne du rouge. Enfin ceux qui, parmi ces corps, absorbent toutes les couleurs également et complètement, produisent sur l'œil le même effet que l'obscurité : on dit qu'ils sont noirs.

Remarque. — La couleur des corps dépend essentiellement de la couleur qui les éclaire. Ainsi un corps qui paraît rouge lorsqu'il est éclairé par la lumière blanche, paraît noir s'il est éclairé par des rayons bleus, par exemple, ou par des rayons jaunes. Cela tient à ce qu'il absorbe tous les rayons autres que les rayons rouges. On s'explique ainsi pourquoi les étoffes rouges paraissent si sombres le soir lorsqu'elles sont éclairées par les flammes du gaz ou les lampes, qui contiennent principalement des rayons jaunes.

RÉSUMÉ DU CHAPITRE X

Lorsque de la lumière blanche tombe sur un prisme, les rayons émergents s'étalent en se nuançant d'une infinité de couleurs parmi lesquelles on distingue principalement, dans l'ordre de leurs déviations croissantes, le rouge, l'orangé, le jaune, le vert, le bleu, l'indigo, le violet. L'image colorée obtenue ainsi constitue un *spectre*.

Le spectre solaire n'est pas continu ; il est sillonné d'une multitude de raies obscures parallèles à l'arête du prisme.

Le phénomène de la dispersion est dû à ce que la lumière blanche est la superposition d'une infinité de couleurs simples inégalement réfrangibles. On a montré en effet : 1° que les couleurs du spectre sont simples, c'est-à-dire indécomposables par leur passage à travers un second prisme ; 2° que ces couleurs ont chacune un indice de réfraction différent ; 3° que leur superposition reproduit la lumière blanche (recomposition par le disque rotatif).

Parmi les corps transparents, ceux qui laissent passer en quantités égales toutes les couleurs nous paraissent incolores ; ceux qui laissent passer certaines couleurs et en absorbent d'autres sont colorés. Les corps non transparents dépolis sont blancs s'ils diffusent également toutes les couleurs du spectre ; ils sont noirs s'ils les absorbent toutes.

CHAPITRE XI

PHOTOGRAPHIE

68. Définitions. — *La photographie est l'ensemble des procédés employés pour fixer des images sous l'influence de la lumière ; elle repose sur la décomposition, par les rayons lumineux, de certains composés chimiques, notamment du bromure d'argent.*

Nous décrirons le procédé au *gélatino-bromure d'argent,* qui est d'un emploi général.

69. Procédé au gélatino-bromure d'argent. — Comme tous les procédés photographiques modernes, le procédé au gélatino-bromure comprend trois opérations principales. La première consiste à soumettre à l'action de la lumière la substance chimique impressionnable. La deuxième opération consiste à révéler l'image latente produite dans la première opération ; elle donne une image réelle appelée *cliché* ou *négatif,* qui reproduit en noir les parties claires du sujet et inversement. Enfin la troisième opération consiste à produire au moyen du cliché des images dites *positives,* parce que les teintes y ont la même valeur relative que sur l'original photographié.

La substance impressionnable est du bromure d'argent disséminé au sein d'une couche mince et homogène de gélatine. Le tout recouvre une plaque de verre (*plaque sensible*).

Impression dans la chambre noire. — La chambre noire se compose d'une caisse à soufflet (*fig.* 91) dont une des faces est munie d'un système de deux lentilles (objectif) et

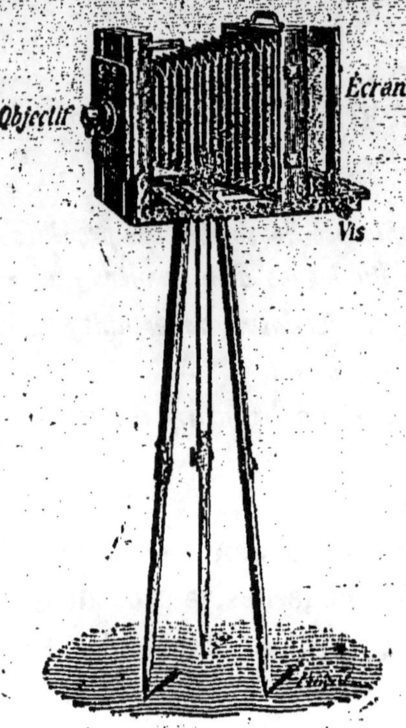

Fig. 91. — Chambre noire du photographie.

dont l'autre peut être fermée, soit par un écran en glace dépolie, soit par la plaque sensible.

Comme les objets que l'on photographie sont toujours situés au delà du double de la distance focale de l'objectif, les images sont toujours plus petites que les objets (44).

La chambre noire étant disposée convenablement par rapport à l'objet à photographier, on place la tête sous un voile suffisamment opaque et on *met au point*, c'est-à-dire que l'on cherche à avoir une image nette sur la glace dépolie

Fig. 92. — Châssis.

qui forme le fond de la chambre. On immobilise ensuite la chambre à l'aide d'une vis de serrage, et l'on couvre l'objectif.

Il faut alors substituer la plaque sensible à la glace dépolie. La plaque sensible ayant été préalablement introduite à l'obscurité dans un chsâsis (*fig.* 92), on remplace le cadre qui porte la glace dépolie par le châssis, puis on soulève le volet ou le rideau de ce châssis et on ouvre l'obturateur de l'objectif pendant le *temps de pose* estimé convenable ; on rabat ensuite le volet et l'on transporte le châssis dans le cabinet noir.

Développement du négatif. — Le cabinet noir ne doit être éclairé que par la lumière rouge, les autres couleurs exerçant une action sur les sels d'argent. On se sert de lampes spéciales munies d'un verre rouge.

La plaque qui a subi l'action de la lumière ne montre aucune trace d'image. Celle-ci n'apparaît que sous l'influence de *révélateurs,* qui jouent le rôle de réducteurs et précipitent l'argent partout où le bromure a été impressionné. Les révélateurs se trouvent tout préparés dans le commerce ; les plus employés sont à la base d'oxalate de fer ou d'acide pyrogallique.

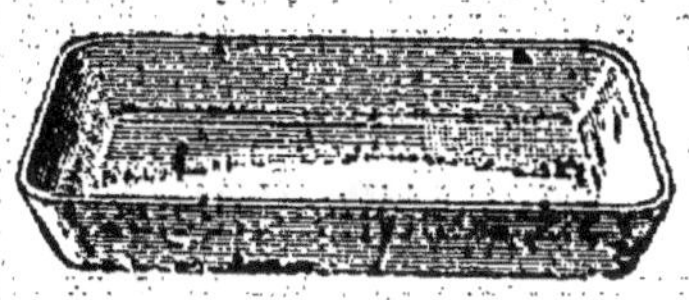

Fig. 93. — Cuvettes pour photographie.

Pour développer une plaque impressionnée, on met dans une cuvette (*fig.* 93) une quantité convenable du révélateur et on y introduit le cliché, la couche sensible vers le haut. Lorsqu'on juge l'image suffisamment révélée, on retire la plaque du bain et on la lave.

Le *fixage* a pour but d'éliminer le bromure d'argent qui n'a pas été réduit par le bain de développement. Cette élimination se fait par une dissolution d'hyposulfite de sodium, qui a la propriété de dissoudre le bromure d'argent. Après un lavage soigné on fait enfin sécher la plaque.

Tirage des positifs. — Les papiers sensibles employés pour le tirage des positifs sont des papiers gélatinés, rendus sensibles par des sels d'argent, des sels de fer, du bichromate de potassium, etc.

En exposant à la lumière un cliché derrière lequel on a appliqué une feuille de papier sensible, la lumière traverse les parties blanches et transparentes du cliché et donne sur le papier sensible une image *positive* où les teintes de l'objet à photographier sont rétablies.

Pour tirer sur du papier aux sels d'argent, on prend un *chdssis-presse* (*fig.* 94), constitué par un cadre en bois muni d'une glace, d'un double volet à charnière et de deux fermoirs à ressort. Le cliché étant placé sur la glace du chassis-presse, on applique sur la gélatine une feuille de papier sensible, puis

Fig. 94. — Châssis-presse.

on place sur l'ensemble un morceau de drap pour régulariser la pression et on assujettit les volets à l'aide des fermoirs. On expose ensuite le châssis à la lumière diffuse. Lorsque les noirs sont suffisamment accentués, on cesse l'exposition. L'épreuve positive est lavée, puis portée dans le bain de virage.

Le *virage* a pour but de remplacer l'argent réduit du papier sensible par de l'or, ce qui rend l'épreuve inaltérable et lui donne une teinte violacée riche. On se sert pour cela d'une dissolution de chlorure d'or.

Il ne reste plus qu'à dissoudre le sel d'argent non altéré par la lumière dans l'exposition du chassis-presse. Cette opération, appelée *fixage*, se fait avec une dissolution d'hyposulfite de sodium. L'épreuve est ensuite lavée, puis collée sur carton.

Tirage sur papier au bichromate. — Ce procédé, appelé *procédé au charbon*, donne de belles épreuves inaltérables.

Le papier sensible employé est recouvert d'une couche de gélatine imprégnée de bichromate de potassium mélangé à du noir de fumée. Sous l'influence de la lumière, la gélatine bichromatée acquiert la propriété d'être plus ou moins insoluble dans l'eau tiède, suivant l'intensité de la lumière qui l'a pénétrée. Si donc, après une exposition suffisante derrière un négatif au châssis-presse, l'épreuve est traitée par de l'eau tiède, la gélatine restera inaltérée aux points qui auront été frappés par la lumière, et se dissoudra aux points qui auront été préservés de l'action de la lumière par les parties sombres du cliché, entraînant avec elle le noir de fumée qui y avait été incorporé.

70. Photographie instantanée. — Lorsqu'il s'agit de prendre des objets en mouvement, des scènes de genre, etc., il est nécessaire de réduire la pose à une durée très courte. On adapte alors à l'objectif un appareil appelé *obturateur*, qui fonctionne automatiquement et ne laisse pénétrer la lumière dans la chambre noire que pendant un temps très court.

71. Applications de la photographie. — Outre les applications proprement dites relatives aux portraits, aux vues, etc., la photographie présente de nombreuses applications scientifiques et industrielles. Nous citerons comme exemples la photographie céleste, à laquelle on doit une carte du ciel très détaillée et précise, des vues exactes des divers corps célestes : Lune, comètes, planètes, etc., et la découverte de comètes et petites planètes ; la *microphotographie*, qui a pour but d'obtenir les images agrandies de très petits objets, comme les préparations anatomiques ; la *chronophotographie*, qui consiste à prendre des photographies successives d'un objet en mouvement à des intervalles de temps rigoureusement égaux. Si l'on reproduit devant l'œil toutes ces photographies dans le même ordre et suivant les mêmes intervalles, on assistera à la reproduction exacte du phénomène : c'est ce qui se produit dans le cinématographe. Enfin c'est grâce à la photographie que l'on peut obtenir d'un dessin ou d'une photographie des clichés typographiques permettant d'illustrer abondamment les livres.

RÉSUMÉ DU CHAPITRE XI

La *photographie* repose sur la décomposition de certains composés chimiques (bromure d'argent notamment) par la lumière. Le procédé au gélatino-bromure d'argent est communément employé. Il comprend trois opérations principales : impression dans la chambre noire d'une plaque recouverte de gélatino-bromure d'argent, développement et fixage de la plaque impressionnée en vue d'obtenir un cliché ou négatif ; production au moyen du cliché d'images positives sur papier.

Le développement de la plaque qui a subi l'action de la lumière se fait à l'aide de substances qui jouent le rôle de réducteurs (oxalate ferreux, acide pyrogallique, etc.) ; on fixe ensuite par l'hyposulfite de sodium, qui enlève le bromure d'argent non réduit. Les papiers sensibles employés pour le tirage des positifs sont recouverts de gélatine tenant en suspension un sel d'argent, de fer, etc. Le papier sensible, placé derrière le cliché dans un châssis presse, est soumis à l'action de la lumière ; le positif obtenu est viré dans un bain à base de chlorure d'or, puis fixé par l'hyposulfite de sodium.

Pour la photographie instantanée, on adapte à l'objectif un obturateur automatique, ne laissant pénétrer la lumière dans la chambre noire que pendant un temps très court.

Les applications de la photographie sont nombreuses : portraits, vues, chronophotographie, microphotographie, etc.

ÉLECTRICITÉ

ÉLECTRICITÉ STATIQUE

CHAPITRE XII
PHÉNOMÈNES FONDAMENTAUX

72. Production d'électricité par frottement et par contact. — Si l'on frotte vivement avec du drap bien sec ou une peau de chat un bâton de verre, un bâton de résine, ces corps acquièrent la propriété d'attirer les corps légers, comme des fragments de papier, de petites balles de sureau (*fig.* 95).

Fig. 95. — Electrisation par frottement.

Un corps qui jouit de la propriété d'attirer les corps légers est dit *électrisé*. Tous les corps solides s'électrisent par le frottement ; ils s'électrisent également si on les met en contact avec un corps électrisé.

73. Électroscope à feuilles d'or. — Cet appareil permet de vérifier si un corps est électrisé. Il se compose d'une tige de laiton (*fig*. 96) terminée à sa partie supérieure par un plateau de même alliage et à sa partie inférieure par deux feuilles d'or. Une cage métallique, fermée antérieurement par une glace, soutient cette tige par l'intermédiaire d'un cylindre de paraffine ; elle protège les feuilles contre l'agitation de l'air.

Si l'on touche le plateau de l'électroscope avec un corps même très faiblement électrisé, une partie de l'électricité se répand par la tige de laiton dans les feuilles ; celles-ci s'écartent, indiquant, comme nous le verrons plus loin (75), que le corps soumis à l'expérience est électrisé.

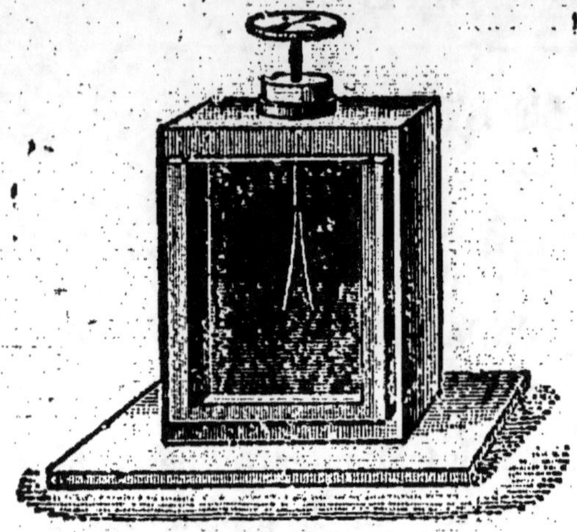

Fig. 96. — Électroscope à feuilles d'or.

74. Corps conducteurs et corps isolants. — Si, après avoir électrisé un électroscope par contact, on touche le plateau avec un bâton de verre, l'écart des feuilles d'or ne change pas. Cela tient à ce que le verre ne conduit pas l'électricité ; c'est, comme l'on dit, un corps *mauvais conducteur* ou encore un isolant. La soie, la résine, la paraffine sont aussi des corps isolants. Au contraire, si l'on touche avec une tige métallique le plateau d'un électroscope électrisé, les feuilles d'or se rapprochent ; on en conclut que les métaux transmettent instantanément l'électricité qu'ils ac-

quièrent par contact et on les appelle des corps *bons conducteurs*. Cette électricité se perd dans le sol par le corps
humain, qui est aussi conducteur. Enfin certains corps,
comme le coton, sont intermédiaires entre les corps isolants
et les corps conducteurs : si l'on entoure d'un fil de coton
la tige qui soutient le plateau d'un électroscope électrisé,
la divergence des feuilles diminue peu à peu et finit par
devenir nulle.

Les corps mauvais conducteurs sont employés pour isoler les autres.

75. Distinction de deux espèces d'électricité. — Prenons

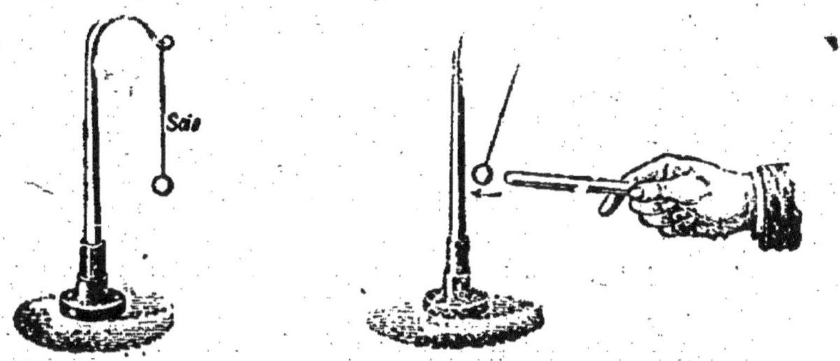

FIG. 97. — Pendule
isolé.

FIG. 98. — Répulsion électrique
après contact.

un pendule formé par une balle de sureau soutenue par
un fil de soie (*fig.* 97).
Approchons-en lente-
ment un bâton de verre
préalablement électrisé
par frottement avec du
drap ; la balle de sureau
est attirée, se charge
d'électricité au contact
du verre, puis est vive-

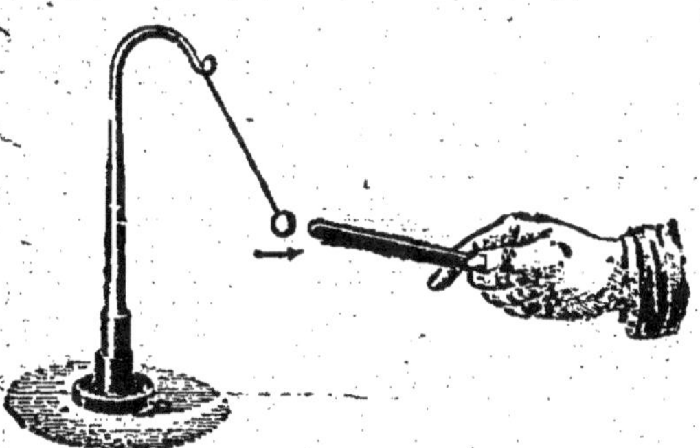

FIG. 99. — Attraction produite par deux
électricités contraires.

ment repoussée (*fig.* 98). Si l'on présente à la balle repoussée par le verre un bâton de résine préalablement frotté avec une peau de chat, elle est vivement attirée (*fig.* 99). L'électricité du verre et celle de la résine sont donc différentes par leurs effets.

L'électricité qui se développe sur le verre frotté avec du drap a reçu le nom d'électricité *positive* ; celle qui se développe sur la résine frottée avec une peau de chat, d'électricité *négative*. La première se symbolise par le signe +, la seconde par le signe —.

L'expérience montre qu'un corps électrisé quelconque se comporte vis-à-vis du pendule électrique soit comme le verre frotté, soit comme la résine frottée. On est donc conduit aux résultats suivants :

1° *Il y a deux espèces d'électricité (positive et négative)* ;

2° *Deux corps chargés de la même électricité* (+, +), *ou* (—, —) *se repoussent et deux corps chargés d'électricités contraires* (+, —), *s'attirent.*

Applications. — C'est par suite de la répulsion qui s'exerce entre les corps chargés de la même électricité que les cheveux d'une personne se dressent lorsqu'on l'électrise après l'avoir fait monter sur un tabouret à pieds isolants. La divergence des feuilles d'or dans un électroscope électrisé est due à ce que les feuilles ayant le même signe d'électrisation se repoussent.

76. Quantité d'électricité. — Les corps électrisés entre lesquels s'exercent des attractions ou des répulsions peuvent être plus ou moins chargés d'électricité.

Comme l'électricité nous est révélée par l'existence de ces forces, qui peuvent se mesurer comme toute autre force, il est naturel de fonder sur leur valeur la comparaison des quantités d'électricité que renferment les corps électrisés.

Ainsi, par exemple, si deux corps électrisés placés successivement à la même distance d'un corps A exercent sur lui la même action, on dit qu'ils ont des *quantités égales* d'électricité. Si l'un des corps exerce sur A une action double, triple,... de celle exercée par l'autre corps à la même distance, la quantité d'électricité du premier corps est dite double, triple,... de celle de l'autre. On peut donc concevoir une *quantité d'électricité* ou, autrement dit, une *charge électrique*, comme une grandeur que l'on est en état de mesurer par l'action qu'elle est capable d'exercer.

L'unité employée dans la pratique pour mesurer les quantités d'électricité a été appelée *coulomb* (du nom du physicien français).

77. Développement simultané des deux espèces d'électricité. — Prenons une éprouvette à pied (*fig.* 100) qui renferme du mercure sec et est reliée par une tige métallique à un électroscope. Si l'on plonge dans le mercure une baguette de verre bien sèche, les feuilles restent en contact; mais

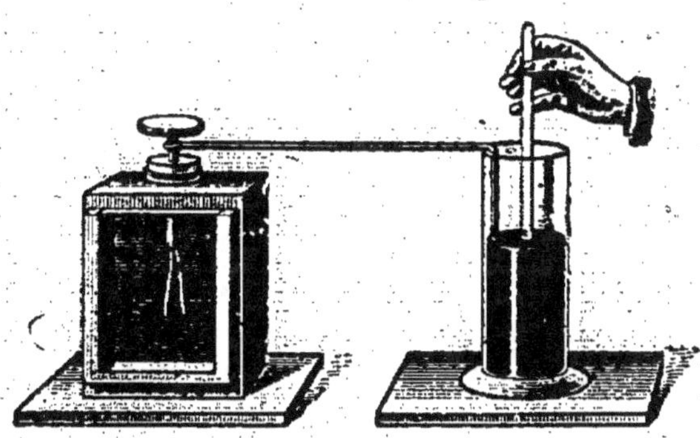

Fig. 100. — Développement de deux électricités par le frottement.

elles divergent dès qu'on retire la baguette. Le mercure s'est donc électrisé; il en est de même de la baguette.

et l'on peut constater que les électricités prises par le verre et le mercure sont opposées. En replongeant dans le mercure la même portion de la baguette, les feuilles reviennent au contact, ce qui prouve que *les électricités développées sur les deux corps sont capables d'annuler mutuellement leurs effets et sont, par suite, équivalentes.*

78. L'électricité réside à la surface des corps. — Isolons un électroscope sur un gâteau de paraffine (*fig.* 101) et relions le plateau à la cage par une bande de papier d'étain B. Si l'on met le plateau de l'électroscope en communication avec un conducteur électrisé quelconque, on constate que les feuilles ne divergent pas ; elles divergent, au contraire, si l'on fait l'expérience après avoir enlevé la bande d'étain. On en conclut que *toute l'électricité s'était portée sur la surface extérieure.*

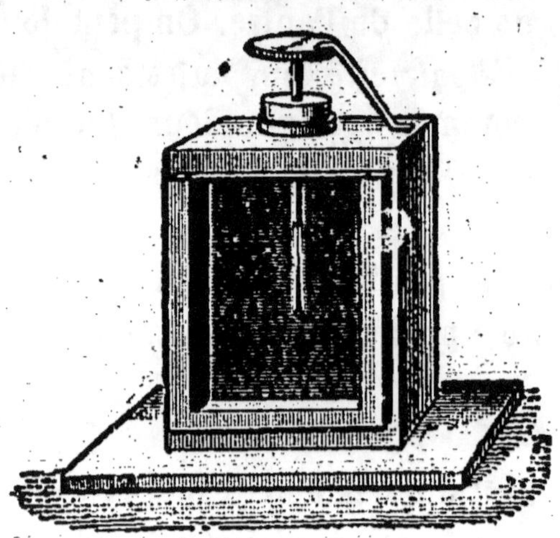

Fig. 101. — L'électricité réside à la surface des corps.

Si le conducteur n'est pas continu, si sa surface est formée par exemple d'un simple grillage, la propriété n'en subsiste pas moins. Faraday le vérifia en s'enfermant dans une grande cage métallique, soutenue par des pieds de verre et mise en communication avec une machine électrique puissante. Il ne put constater, même avec des appareils très sensibles, aucune trace d'électrisation sur la paroi intérieure. La paroi extérieure fournissait cependant de fortes étincelles.

79. Distribution de la couche superficielle d'électricité.

— Pour étudier la distribution de l'électricité sur un conducteur quelconque, on se sert du *plan d'épreuve* et du *cylindre de Faraday*.

Le plan d'épreuve est un petit disque de clinquant collé sur la base d'un cylindre en paraffine tenu par un manche isolant (*fig.* 102). Quand on applique le disque sur un conducteur électrisé, il se substitue à l'élément de surface qu'il recouvre et il prend l'électricité de cet élément. Le disque ainsi chargé est introduit dans un cylindre métallique creux (*fig.* 103) qui repose sur de la paraffine et communique avec un électroscope.

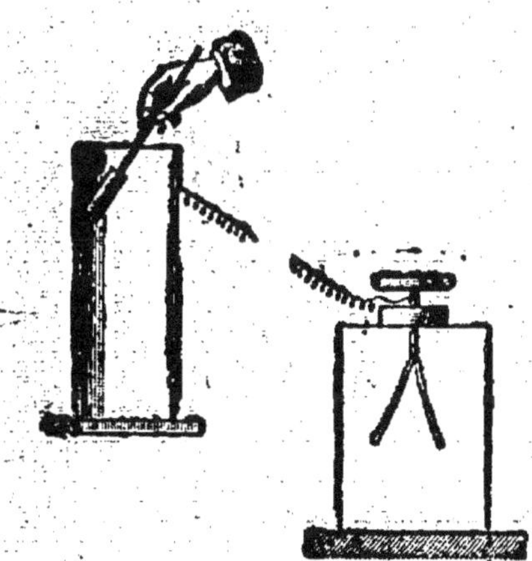

Fig. 102.
Plan d'épreuve.

Au contact du disque, toute son électricité passe sur la surface extérieure du cylindre et fait diverger les feuilles de l'électroscope. L'écartement des feuilles, s'il n'est pas trop considérable, est proportionnel à la charge du disque du plan d'épreuve.

Fig. 103. — Cylindre de Faraday.

80. Pouvoir des pointes. — Si l'on explore avec le plan d'épreuve les différents points de la surface d'une sphère conductrice isolée, on constate, par la divergence des feuilles, que la charge emportée chaque fois par le disque est la même quelle que soit la région touchée; on exprime ce fait en disant que la distribution de la charge est *uniforme*. Il n'en est plus de même pour un conducteur non sphérique.

L'électricité tend à s'accumuler dans les régions où la courbure est le plus prononcée ; elle est plus abondante sur les parties bombées que sur les parties plates.

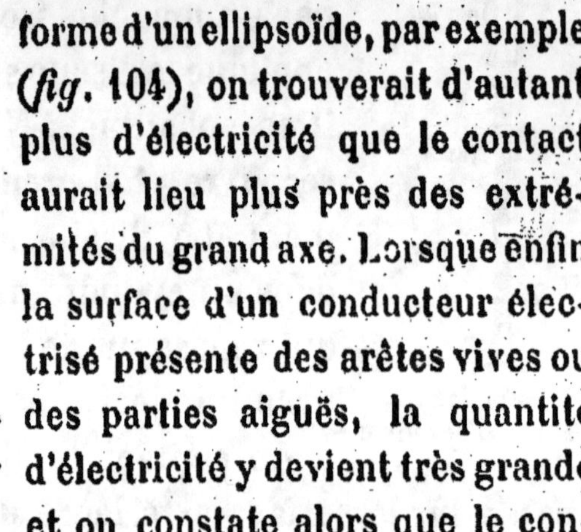

Sur un conducteur ayant la forme d'un ellipsoïde, par exemple (*fig.* 104), on trouverait d'autant plus d'électricité que le contact aurait lieu plus près des extrémités du grand axe. Lorsque enfin la surface d'un conducteur électrisé présente des arêtes vives ou des parties aiguës, la quantité d'électricité y devient très grande et on constate alors que le conducteur se décharge rapidement ; c'est ce qu'on appelle le *pouvoir des pointes*. Ainsi un conducteur électrisé muni d'une pointe perd son électricité par la pointe jusqu'à ce qu'il soit ramené à l'état neutre.

Fig. 104. — Étude de la distribution sur un conducteur ellipsoïdal.

Fi 105. — Écoulement de l lectricité par une pointe.

Fig. 106. Tourniquet électrique.

Pour observer facilement le pouvoir des pointes, on adapte à une machine électrique en activité (*fig.* 105) une tige métallique recourbée et terminée en pointe. Un véritable courant d'air (*vent électrique*) semble provenir de la pointe et on le sent très bien en plaçant la main à une petite distance. Si l'on approche de la pointe la flamme d'une bougie, on voit la flamme se courber et souvent s'éteindre.

Le *tourniquet électrique* est encore une application du pouvoir des pointes. Il se compose d'un pivot métallique sur lequel repose une chape supportant des rayons métalliques effilés (fig. 106), tous recourbés dans le même sens à leur extrémité. Le pivot étant vissé sur une machine électrique en activité, l'électricité qui s'écoule par les pointes électrise l'air environnant, et celui-ci, agissant par répulsion, force le tourniquet à se mettre en mouvement en sens inverse de la direction des pointes.

RÉSUMÉ DU CHAPITRE XII

Tous les corps acquièrent par le frottement la propriété d'attirer les corps légers. Les uns manifestent cette propriété quand on les tient directement à la main ; ce sont des corps *mauvais conducteurs* (résine, verre, soie). Les autres doivent être tenus par l'intermédiaire d'un mauvais conducteur ; ce sont les corps *bons conducteurs* (métaux).

Il y a deux espèces d'électricité (positive et négative). Deux corps chargés de la même électricité se repoussent et deux corps chargés d'électricités contraires s'attirent. Les quantités d'électricité se comparent entre elles d'après la valeur de ces forces. L'unité pratique de quantité est le coulomb.

Lorsqu'un conducteur est en équilibre électrique, l'électricité est localisée à sa surface extérieure. On le démontre en reliant entre eux le plateau et la cage d'un électroscope et en plaçant l'instrument dans le voisinage d'une machine électrique : les feuilles ne divergent pas.

Pour étudier la distribution de la couche superficielle d'électricité, on applique un plan d'épreuve en différents points de la surface du conducteur à étudier et l'on porte chaque fois le plan d'épreuve en contact avec la surface intérieure du cylindre de Faraday. On reconnaît ainsi que la distribution de la charge sur une sphère est uniforme.

Un conducteur muni de pointes ne peut rester électrisé (pouvoir des pointes). Si l'on dispose une pointe sur une machine électrique en activité, l'écoulement de l'électricité se manifeste par le vent électrique, par l'extinction d'une bougie.

CHAPITRE XIII

INFLUENCE ÉLECTRIQUE

81. Électrisation des corps par influence. — Prenons un

bâton de résine électrisé et approchons-le du plateau d'un électroscope ; les feuilles divergent avant que le bâton ait touché le plateau ; on peut donc produire de l'électricité sur les conducteurs en les plaçant dans le voisinage de corps électrisés. Ce mode d'électrisation porte le nom d'*influence électrique*. Le corps primitivement électrisé s'appelle l'*inducteur* ; le conducteur est l'*induit*.

Pour étudier l'influence électrique, on emploie une sphère isolée, électrisée positivement par exemple (*fig.* 107),

Fig. 107. — Électrisation par influence.

et un cylindre isolé. Ce cylindre porte à chacune de ses extrémités une petite tige métallique à laquelle deux pendules sont suspendus par des fils de coton. Le cylindre étant approché de la sphère s'électrise par influence, car les pendules de chaque couple s'écartent l'un de l'autre. Un bâton de résine électrisé négativement qu'on approche lentement des doubles pendules repousse ceux de l'extrémité A ; il attire au contraire ceux de l'extrémité B. Vers le milieu, mais un peu plus près cependant de la sphère inductrice, se trouve une petite zone sans électricité (*zone neutre*). On voit ainsi que la surface du cylindre présente deux plages électrisées, séparées par une zone neutre ; la plage la plus voisine de la sphère inductrice est chargée d'électricité négative ; la plage la plus éloignée, d'électricité positive.

Si l'on éloigne la sphère inductrice, le cylindre revient à l'état neutre : donc les quantités d'électricité induites sont *équivalentes*.

82. Influence d'un corps électrisé sur un conducteur en communication avec le sol. — Si, laissant la sphère inductrice en présence du cylindre, on met celui-ci en communication avec le sol en le touchant avec le doigt, par

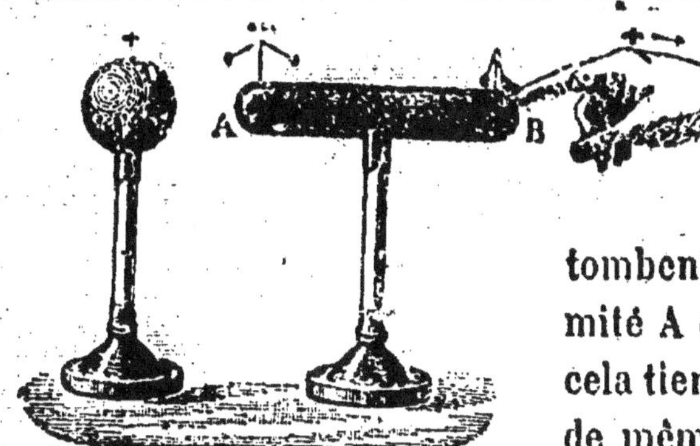

Fig. 108. — Influence sur un conducteur communiquant avec le sol.

exemple (*fig.* 108), les pendules de l'extrémité B retombent et ceux de l'extrémité A divergent davantage ; cela tient à ce que l'électricité de même nom que celle de la sphère disparaît, tandis que la quantité d'électricité de signe contraire augmente. Il en est ainsi quel que soit le point touché, fût-ce l'extrémité A.

Si l'on supprime ensuite la communication du cylindre avec le sol et si l'on éloigne la sphère inductrice, on constate que le cylindre est chargé d'électricité négative.

83. Étincelle électrique. — Le cylindre étant à l'état neutre comme avant les expériences précédentes, si l'on approche peu à peu la sphère, la divergence des pendules augmente et, à un moment donné, on voit jaillir entre la sphère et le cylindre un trait de feu accompagné d'un bruit sec : c'est ce qu'on appelle une *étincelle électrique*. Une partie de la charge de l'extrémité A neutralise une quantité égale et positive de la sphère.

APPLICATIONS DE L'INFLUENCE ÉLECTRIQUE

84. Applications générales. — Le phénomène de l'influence électrique joue un rôle important dans la plupart des appareils d'électricité statique. On l'utilise pour électriser les conducteurs. Il permet d'expliquer l'attraction des corps légers par les corps électrisés, l'action préservatrice des paratonnerres, etc.

85. Électrophore. — L'électrophore est la plus simple des sources d'électricité.

Les électrophores actuels (*fig.* 109) se composent : 1° d'un gâteau en diélectrine (mélange de soufre et de paraffine) coulé

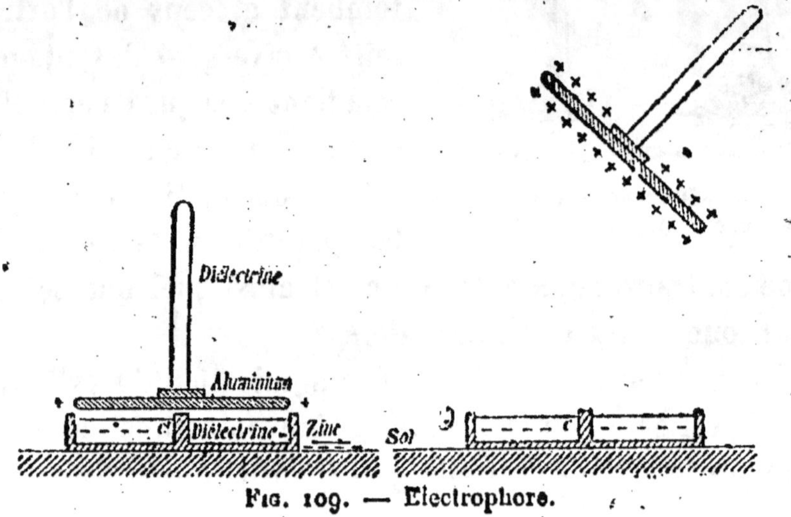

Fig. 109. — Électrophore.

dans un moule en zinc portant en son centre une petite colonne de même métal qui affleure très légèrement la surface de la diélectrine ; 2° d'un disque métallique armé d'un manche isolant. On charge d'électricité négative la surface du gâteau en le frappant avec une peau de chat, puis on applique le disque dessus et on l'enlève verticalement. L'électricité négative du gâteau a agi par influence sur le disque, qui s'est chargé d'électricité positive, pendant que l'électricité négative a été repoussée dans le sol par la petite colonne centrale de zinc.

86. Application de l'influence à l'électroscope. — Cet appareil, dont nous avons fait la description (73), permet de reconnaître le signe de l'électricité dont un corps peut être chargé.

Il faut charger d'abord par influence l'électroscope d'une électricité de nom connu. Pour cela, on approche du plateau un bâton de résine frotté, par exemple (*fig.* 110, A)·

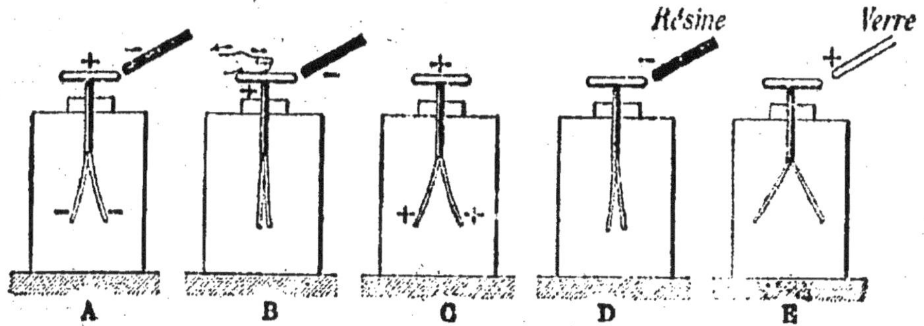

Fig. 110. — Manière de reconnaître le signe de l'électrisation.

il y a influence et les feuilles divergent. Pendant que le bâton est approché, on touche avec le doigt le plateau de l'électroscope (B); l'électricité négative disparaît et les feuilles d'or retombent. On retire le doigt, puis on éloigne la résine ; les feuilles divergent de nouveau (C), chargées d'électricité positive. Cela fait, on approche lentement le corps à étudier du plateau de l'électroscope. Si ce corps est chargé négativement (D), il développe par influence de l'électricité négative dans les feuilles, qui se rapprochent. S'il est chargé positivement (E), l'électricité de même nom développée par influence est repoussée dans les feuilles, qui divergent davantage.

RÉSUMÉ DU CHAPITRE XIII

Tout conducteur placé dans le voisinage d'un corps électrisé est lui-même électrisé ; le conducteur est l'*induit*, le corps électrisé, l'*inducteur*.

Pour étudier l'électrisation par influence, on se sert d'une sphère isolée chargée positivement et d'un cylindre isolé muni à ses extrénités de doubles pendules. Le cylindre mis en présence de la sphère se divise en deux plages électrisées : une plage négative en regard de la sphère, une plage positive à l'extrémité opposée. Les deux plages sont séparées par une zone neutre située vers le milieu, du côté de la sphère. Si l'on éloigne la sphère après avoir touché le cylindre avec le doigt, le cylindre reste chargé d'électricité négative.

L'électrisation par influence joue un rôle important dans tous les phénomènes d'électricité statique.

L'*électroscope à feuilles d'or* permet de reconnaître quelle est la nature de l'électricité d'un corps. On charge l'électroscope par influence d'une électricité connue, puis on en approche lentement le corps à étudier. Si l'électricité du corps est de même signe que celle de l'électroscope, les feuilles divergent davantage ; si elle est de signe contraire, les feuilles se rapprochent.

CHAPITRE XIV

NOTION EXPÉRIMENTALE DU POTENTIEL ET DE LA CAPACITÉ ÉLECTRIQUES

87. Notion générale du potentiel. — Considérons un corps pesant 1^{kg} et suspendu à 1^{m} au-dessus du sol. Si l'on supprime l'obstacle qui s'oppose à sa chute, le corps se met en mouvement et, arrivé au sol, il a exécuté un travail de $1^{kg} \times 1^{m} = 1$ kilogrammètre. Donc le corps, avant sa chute, n'était pas dans le *même état* que le même corps reposant directement sur le sol ; il possédait un pouvoir de travail ou, comme on dit, une *énergie potentielle* de 1^{kgm}, et cette énergie est égale au travail qu'il avait fallu dépenser antérieurement pour élever le corps à la hauteur de 1^{m}.

Supposons maintenant que le corps pèse 10^{kg} et qu'il soit encore suspendu à 1^{m} au-dessus du sol ; son énergie potentielle sera $10^{kg} \times 1^{m} = 10$ kilogrammètres. Chaque kilogramme du corps, du fait qu'il se trouve à 1ᵐ de hauteur, es. capable d'effectuer 1 kilogrammètre de travail ; nous dirons que cette quantité de travail est son *potentiel*. En multipliant ce potentiel par le nombre de kilogrammes qui agissent, on obtiendra le travail que le corps est susceptible de produire.

D'une façon générale, l'énergie potentielle d'un corps, le travail que l'on peut en tirer, dépend de deux facteurs : 1° la quantité du corps ; 2° l'état dans lequel se trouve l'unité de quantité du corps, ce que nous avons appelé son *potentiel*. Ainsi le travail total que peut fournir en un jour une équipe d'ouvriers dépend évidemment : 1° d 1 nombre de ces ouvriers ; 2° du potentiel de chaque ouvrier, c'est-à-dire de la force productrice de chacun d'eux, du travail qu'il est capable de faire en une journée. De même, le travail que peut fournir, par seconde, une chute d'eau, est égal au produit du nombre de litres d'eau qui tombent par le potentiel de chaque litre, potentiel qui est représenté par le même nombre que la hauteur d'où tombe la chute d'eau.

88. Potentiel électrique. — L'énergie électrique est soumise aux mêmes lois que l'énergie mécanique. Une quantité d'électricité est capable d'un certain travail, elle possède une énergie potentielle, tout comme un corps maintenu à une certaine hauteur. Cette énergie s'exprimera par le produit de la quantité d'électricité mise en jeu par l'énergie potentielle de l'unité de masse électrique, c'est-à-dire par le *potentiel* de cette électricité.

Le potentiel électrique dépend, comme tout autre potentiel, d'un travail dépensé antérieurement, frottement dans une machine, etc. Quelle est la force naturelle contre laquelle s'est *dépensé* ce travail de frottement pour amener les unités de quantités électriques à cet état de puissance emmagasinée qui constitue leur potentiel ? C'est la force répulsive qui s'exerce entre ces quantités. Quand on charge un conducteur, par exemple, dès qu'une quantité d'électricité se trouve déposée sur le conducteur, une nouvelle quantité ne peut y être déposée à son tour que si on vainc la répulsion qui s'exerce entre la première quantité et elle-même dès qu'elle apparaît.

89. Définition expérimentale du potentiel électrique. — Considérons un conducteur électrisé non sphérique, comme un cylindre (*fig.* 111), isolé. Nous savons que si on le

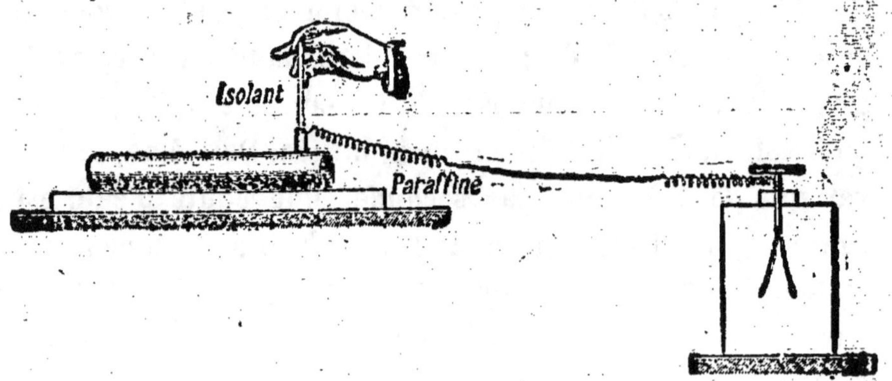

Fig. 111. — Expérience servant à définir le potentiel électrique.

touche successivement en différents points avec un plan d'épreuve, les charges emportées par le plan ne sont pas égales entre elles (80). Au contraire, mettons le conducteur électrisé en communication par un fil métallique fin avec un électroscope assez éloigné pour qu'il ne puisse éprouver aucune action d'influence ; l'électroscope prend la même électricité que le conducteur et l'*écart des feuilles d'or reste constant quel que soit le point touché de la surface extérieure du conducteur.* Cet écart caractérise un état électrique commun au conducteur et à l'électroscope et qui est le *potentiel* du conducteur.

En répétant l'expérience précédente avec d'autres conducteurs électrisés de forme quelconque, isolés et soustraits à toute influence électrique, nous constaterions que l'écart des feuilles d'or, toujours constant pour tous les points de la surface d'un même conducteur, varie d'un conducteur à l'autre.

Remarque. — L'électroscope joue, dans ces expériences, un rôle analogue à celui d'un tube *indicateur de niveau* mis en communication latérale avec un réservoir contenant un liquide. De même que les dimensions de ce tube doivent être choisies de manière à ne pas abaisser sensiblement le niveau du liquide dans le réservoir, de même les dimensions de l'électroscope indicateur doivent être assez petites pour que sa charge ne diminue pas d'une façon appréciable le potentiel du conducteur.

90. Conducteurs ayant le même potentiel. — *On dit que deux conducteurs électrisés ont le même potentiel lorsque, mis successivement en communication lointaine avec un électroscope à l'état neutre, l'écart des feuilles d'or est le même pour chacun d'eux et que les feuilles sont chargées de la même électricité.*

L'expérience montre que si l'on établit entre ces conducteurs une communication par un fil, rien n'est changé dans leur état respectif après la communication et ils donnent encore le même écart aux feuilles d'un électroscope.

91. Comparaison des potentiels. Différences de potentiel. — L'électroscope à feuilles d'or peut servir pour comparer les potentiels, comme le thermomètre sert pour comparer les températures. Lorsqu'un électroscope est mis en communication avec le sol, il prend le potentiel de la Terre. Comme, à ce moment, l'écart des feuilles d'or est nul, on prend comme *potentiel zéro* le potentiel de la Terre. Par suite, tout conducteur qui, relié à un électroscope, ne communique aux feuilles aucun écart, sera au potentiel zéro. En prenant comme unité le potentiel qui correspond à un écart déterminé, on appellera potentiels 2, 3, ... ceux qui correspondront à un écart double, triple, ... et on comptera le potentiel *positivement* si l'écart est dû à de l'électricité positive, *négativement* si l'écart est dû à de l'électricité négative.

Si l'on fait communiquer par un fil long et fin deux conducteurs ayant des potentiels différents, de l'électricité passe par le fil du conducteur qui a le potentiel le plus élevé sur celui qui a le potentiel le moins élevé. Après la communication, les deux conducteurs ont un même potentiel, intermédiaire entre les potentiels primitifs.

Remarque. — Les phénomènes électriques qui peuvent se produire entre deux conducteurs électrisés ne dépendent pas de la valeur absolue de leurs potentiels, mais seulement de la différence de ces potentiels. Cette différence est donc seule intéressante à connaître. Nous verrons plus tard qu'on mesure ces différences avec des *électromètres,* appareils ayant une sensibilité beaucoup plus grande que l'électroscope à feuilles d'or.

92. Unité pratique de potentiel. Volt. — L'unité employée dans la pratique pour mesurer les potentiels a reçu le nom de *volt* (du nom du physicien italien Volta). Nous donnerons plus tard la définition du volt. Le volt correspond au coulomb, c'est-à-dire que si, dans les calculs, on évalue les quantités en coulombs, il faut évaluer les potentiels en volts.

93. Capacité électrique. — Lorsqu'un conducteur électrisé, isolé, est soustrait à toute influence électrique, l'expérience montre que son potentiel est proportionnel à la quantité d'électricité qu'il contient. Cela veut dire que si l'on donnait successivement à un conducteur électrisé des charges double, triple,... son potentiel deviendrait double, triple,... du potentiel primitif. Le rapport constant qui existe ainsi entre la charge Q du conducteur et son potentiel V s'appelle la *capacité électrique* du conducteur. En désignant cette capacité par C, on a

$$C = \frac{Q}{V}.$$

Ce coefficient caractérise un conducteur de dimensions et de forces déterminées, soustrait à toute influence électrique.

L'unité de capacité employée dans la pratique correspond au coulomb et au volt ; elle a reçu le nom de *farad* (du nom du physicien et chimiste anglais Faraday). D'après la formule $C = \dfrac{Q}{V}\left(\text{farad} = \dfrac{\text{coulomb}}{\text{volt}}\right)$, le farad est la capacité d'un conducteur qui, chargé d'un coulomb, aurait un potentiel d'un volt.

94. Premières notions sur l'énergie électrique. — De même qu'une masse d'eau peut donner du travail en passant d'un niveau plus élevé à un niveau moins élevé, de même l'électricité peut donner du travail en passant d'un potentiel plus élevé à un potentiel moins élevé. C'est ainsi qu'un conducteur électrisé que l'on met en communication avec le sol, par exemple, produit en se déchargeant une dépense de travail ou d'*énergie* qui se manifeste par des effets variés : physiologiques, calorifiques, mécaniques, etc.

Pour un conducteur électrisé que l'on met en communication avec le sol, le travail produit par la décharge ne dépend que de la charge Q du conducteur et de son potentiel V. Comme le potentiel va en décroissant pendant la décharge, le travail est le même que si la charge Q était tombée d'un potentiel moyen entre le potentiel V du conducteur et le potentiel 0 du sol. En représentant par W ce travail, on a

$$W = \frac{1}{2} Q \times V.$$

Q étant exprimé en coulombs et V en volts, le travail sera donné en unités pratiques, c'est-à-dire en *joules*.

RÉSUMÉ DU CHAPITRE XIV

Lorsqu'un conducteur électrisé et isolé est relié, par un fil long et fin, à un électroscope à feuilles d'or, les feuilles prennent la même électricité que le conducteur et leur écart reste constant quel que soit le point touché de la surface du conducteur. Cet écart caractérise un état électrique du conducteur, que l'on appelle son *potentiel*.

Deux conducteurs sont dits au même potentiel lorsque, mis successivement en communication lointaine avec un électroscope, l'écart des feuilles d'or est le même pour chacun d'eux, et que les feuilles sont chargées de la même électricité. Si l'on met en communication lointaine deux conducteurs dont les potentiels sont différents, de l'électricité positive passe du conducteur qui a le potentiel le plus élevé sur le conducteur qui a le potentiel le moins élevé et les deux conducteurs ont finalement le même potentiel.

L'unité pratique de potentiel est le volt.

La capacité électrique d'un conducteur est le rapport constant qui existe entre la charge du conducteur et son potentiel.

L'unité pratique de capacité est le farad.

L'électricité peut donner du travail en passant d'un potentiel plus élevé à un potentiel moins élevé.

EXERCICES SUR LE CHAPITRE XIV

15. Quelle est la capacité d'un conducteur chargé de $\frac{4}{100}$ de coulomb et dont le potentiel est de 30 volts ?

16. Un conducteur chargé de $\frac{1}{1\,000}$ de coulomb a un potentiel égal à 20 volts. Quelle est son énergie électrique ?

CHAPITRE XV

CONDENSATION DE L'ÉLECTRICITÉ

95. Variations de la capacité électrique. — Approchons d'un électroscope, préalablement électrisé, un plateau métallique tenu à la main (*fig.* 112). L'écart des feuilles d'or diminue, et d'autant plus que la distance des deux plateaux

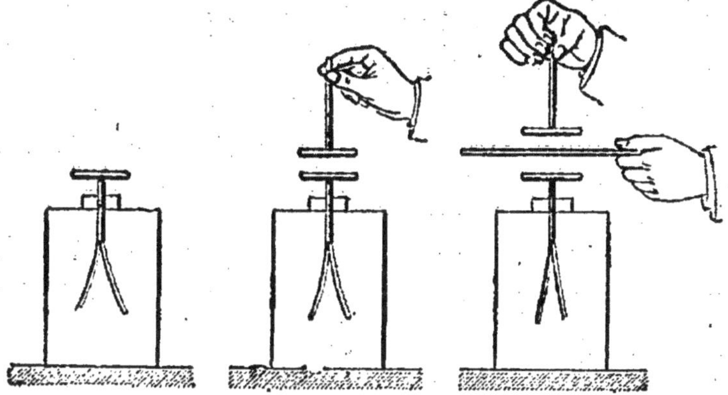

Fig. 112. — Expérience montrant les variations de capacité d'un conducteur.

plateaux est moindre. Le potentiel de l'électroscope devient donc plus petit, bien que sa charge n'ait pas varié; on en conclut que *sa capacité augmente*. En effet, appliquons la formule $Q = CV$ (93) à l'électroscope; si son potentiel primitif V devient deux fois plus petit, par exemple, sa capacité devient deux fois plus grande puisque la charge Q reste invariable, et il faudrait une charge double pour rendre à l'électroscope son potentiel primitif.

Dans l'expérience précédente, l'écart des feuilles d'or diminue de nouveau, pour la même distance des plateaux, si l'on interpose entre ceux-ci un isolant solide, une lame de verre, par exemple.

En résumé, *la capacité électrique d'un conducteur augmente lorsqu'on approche un autre conducteur,* surtout si ce dernier conducteur est en communication avec le sol ; l'augmentation est plus grande lorsque l'isolant interposé est un solide mauvais conducteur que lorsqu'il est simplement de l'air.

96. Condensateurs. — L'expérience que nous venons de faire montre qu'on peut utiliser l'électrisation par influence pour accumuler sur les conducteurs des quantités d'électricité plus grandes qu'on ne pourrait le faire si ces mêmes conducteurs étaient isolés. Les appareils construits dans ce but s'appellent des *condensateurs.*

Les condensateurs sont constitués par deux surfaces métalliques parallèles ou *armatures,* séparées par une couche isolante, comme une lame de verre. L'une des armatures est mise en communication avec une machine électrique ; on l'appelle *collecteur,* à cause de sa fonction. L'autre armature, appelée *condenseur,* est mise en communication avec le sol.

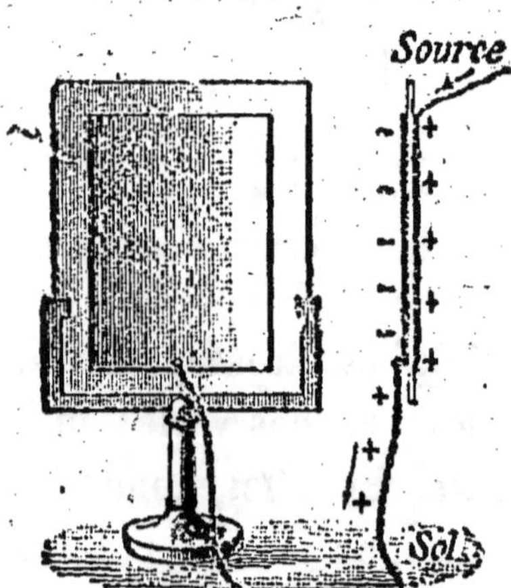

Fig. 113. — Condensateur à feuilles d'étain.

Le condensateur le plus simple consiste en un carreau de vitre sur les deux faces duquel on a collé deux feuilles d'étain de même dimension (*fig.* 113). On laisse autour de ces feuilles une bande de verre que l'on recouvre de vernis pour mieux les isoler l'une de l'autre. On charge ce condensateur en reliant l'une des feuilles à un des pôles d'une machine électrique en activité, l'autre feuille étant mise en communication avec le sol.

La forme la plus usitée des condensateurs est la bouteille de Leyde(1).

97. Bouteille de Leyde. — C'est un flacon en verre, recouvert extérieurement d'une feuille d'étain (*fig.* 114), et rempli de feuilles de clinquant ou d'or battu, dans la masse desquelles plonge une tige de laiton terminée extérieurement par un bouton. Enfin l'intervalle laissé entre la feuille d'étain et le goulot est recouvert d'un vernis.

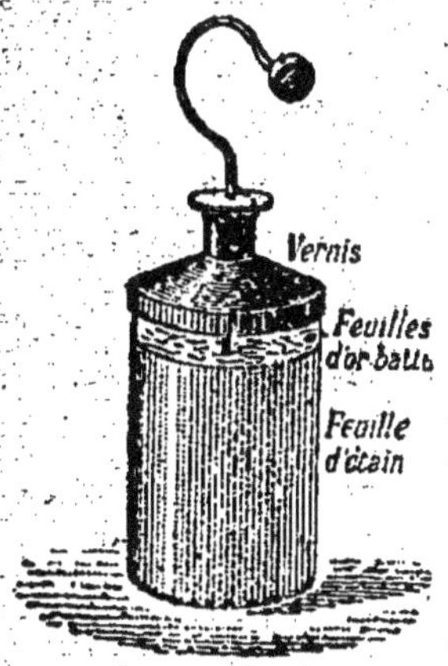

Fig. 114. — Bouteille de Leyde.

Pour charger une bouteille de Leyde, on prend la panse à la main, ce qui met l'armature extérieure en communication avec le sol, et l'on présente le bouton à l'un des pôles d'une machine en activité.

Quant à la décharge, elle se fait soit instantanément, en touchant à la fois les deux armatures, soit lentement, en touchant alternativement les deux armatures. Dans les deux cas on a eu soin de placer la bouteille chargée sur un gâteau isolant.

98. Batterie électrique. — Pour accroître les effets des bouteilles de Leyde, on en construit de grandes dimensions

---

(1) Elle porte ainsi le nom de la ville de Hollande où est né Musschenbroeck, son inventeur.

(*fig.* 115), dans lesquelles l'armature intérieure est e feuille d'étain collée sur la face inter e. La tige centrale se termine inférieurement par une chaîne métallique qui repose sur cette feuille d'étain. Les bouteilles ainsi construites s'appellent des *jarres.*

Fig. 115. — Jarre.

Souvent on dispose dans une caisse en bois un certain nombre de jarres dont les armatures intérieures communiquent entre elles au moyen de tiges convergentes (*fig.* 116). Les armatures extérieures se trouvent en contact avec une feuille d'étain qui revêt le fond de la caisse et se prolonge jusqu'à deux poi-

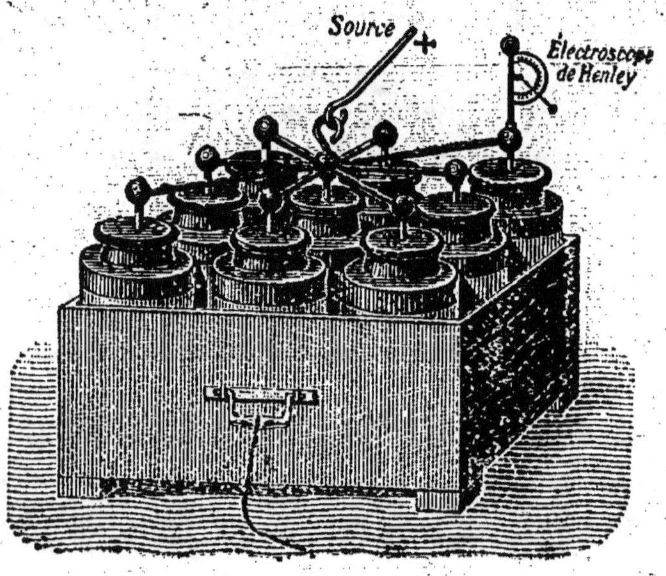

Fig. 116. — Batterie de jarres.

gnées métalliques fixées aux parois. On a ainsi une *batterie électrique.*

RÉSUMÉ DU CHAPITRE XV

Les *condensateurs* ont pour but d'accumuler sur des conducteurs des quantités d'électricité plus grandes que lorsque ces mêmes conducteurs sont isolés. Un condensateur comprend deux conducteurs séparés par un corps isolant ; le premier conducteur (collecteur) est mis en communication avec une machine électrique ; le second (condenseur) communique avec le sol.

La condensation est due à ce qu'on peut augmenter la capacité d'un conducteur lorsqu'on en approche un autre conducteur en communication avec le sol ; cette capacité augmente encore si l'on interpose un isolant entre les deux conducteurs.

Le condensateur le plus simple se compose d'un carreau sur les deux faces duquel on a collé deux feuilles d'étain.

La bouteille de Leyde se compose d'un flacon de verre contenant des feuilles d'or et portant une feuille d'étain collée à l'extérieur. La décharge d'une bouteille électrisée se fait soit instantanément, soit par contacts successifs des armatures. On construit de grandes bouteilles de Leyde (jarres) dans lesquelles les feuilles d'or sont remplacées par une feuille d'étain collée intérieurement.

CHAPITRE XVI

MACHINES ÉLECTROSTATIQUES

---

99. Définition. — *Les machines électrostatiques sont des sources d'électricité dont le fonctionnement repose sur l'électrisation par frottement ou sur les phénomènes d'influence.* — Dans l'un comme dans l'autre cas, les deux électricités se produisent toujours simultanément et en quantités égales ; elles se portent dans deux régions distinctes, que l'on appelle les *pôles* de la machine.

Le *débit* des machines électrostatiques, c'est-à-dire la quantité d'électricité qu'elles peuvent fournir en une seconde, est relativement faible ; en revanche, elles sont capables d'établir entre leurs pôles une *différence de potentiel* considérable.

100. Machine de Ramsden. — La machine de Ramsden est le type des machines à frottement.

Elle se compose d'un plateau de verre (*fig.* 117) que l'on

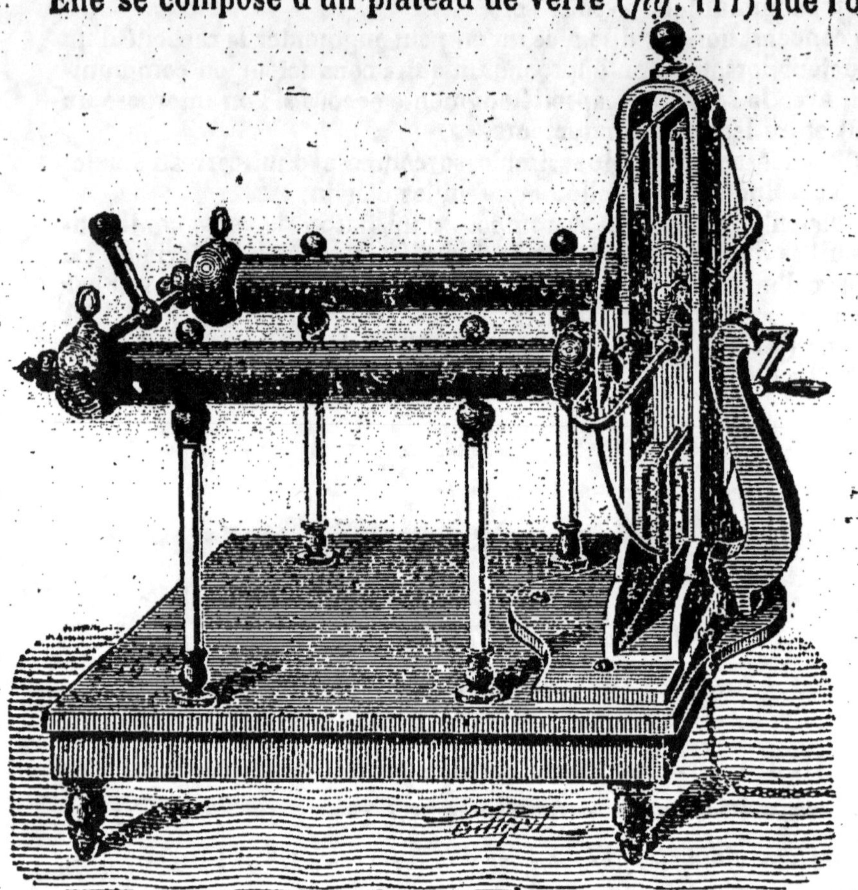

Fig. 117. — Machine de Ramsden.

fait tourner entre deux paires de coussins ou *frottoirs*, fixés sur deux montants de bois et mis en communication avec le sol. Aux extrémités du diamètre horizontal se trouvent deux conducteurs en fer à cheval, appelés *peignes*, qui embrassent le plateau et qui sont munis de pointes. Ces conducteurs communiquent avec deux gros cylindres reliés entre eux par un tube de plus petit diamètre.

Fonctionnement. — Le plateau, en frottant contre les coussins, s'électrise positivement ; de l'électricité négative se développe sur les coussins et se perd dans le sol par une chaîne métallique. L'électricité positive est transportée par le plateau jusqu'aux peignes (*fig.* 118) ; là, elle agit par influence sur les cylindres et y repousse de l'électricité positive, tandis que de l'électricité négative s'écoule par les pointes des peignes, ramenant à l'état neutre les points du plateau qui ont franchi les peignes. La machine ne fournit donc que de l'électricité positive.

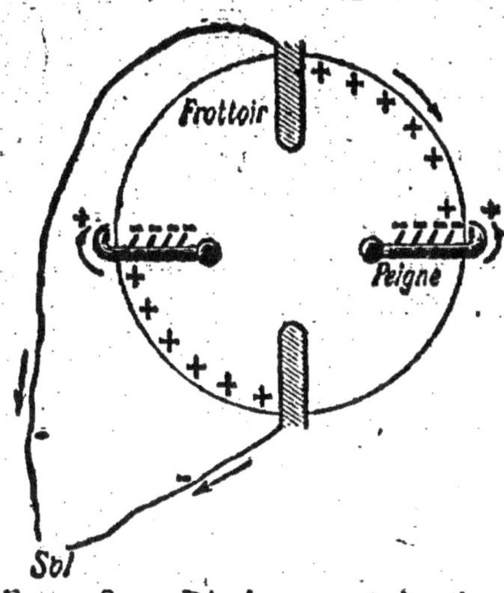

Fig. 118. — Développement des électricités sur le plateau de la machine de Ramsden.

Limite de la charge. — Les phénomènes que nous venons de décrire se reproduisant à chaque tour du plateau, la charge des cylindres va en augmentant jusqu'à une certaine limite, limite qui est atteinte lorsqu'une décharge peut éclater entre les coussins et les conducteurs.

Dans la pratique, plusieurs causes empêchent d'atteindre cette limite ; la plus importante est la *déperdition par l'air et par les supports* ; aussi a-t-on soin, par les temps humides, de dessécher avec un fourneau l'air qui entoure la machine, de frotter les supports et le plateau avec des linges secs et chauds pour leur enlever toute trace d'humidité.

La machine de Ramsden n'est plus guère employée aujourd'hui, parce qu'elle est trop encombrante, eu égard à sa faible puissance.

101. Machine de Wimshurst. — La machine de Wimshurst est une machine à influence : il suffit de la mettre en mouvement pour qu'elle s'amorce d'elle-même en partant d'une charge initiale extrêmement faible.

Elle se compose de deux plateaux de verre (*fig.* 119), munis extérieurement d'un même nombre de secteurs d'étain gaufrés en relief. Une manivelle fait tourner les deux plateaux en sens contraires par l'intermédiaire d'une corde de trans-

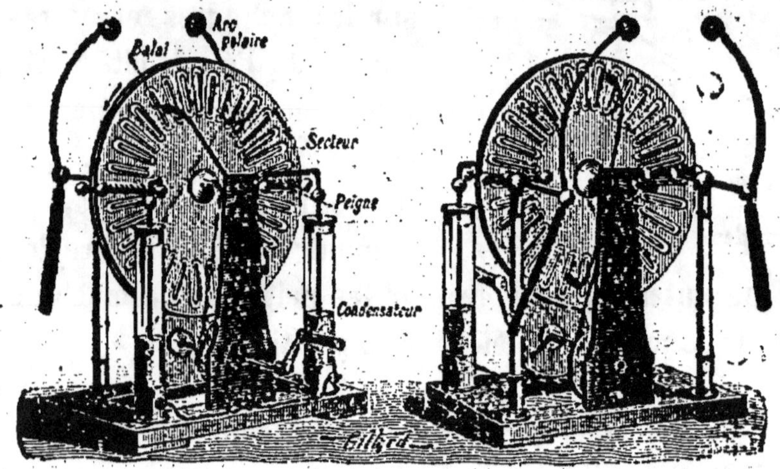

Fig. 119. — Machine de Wimshurst (vue antérieure et vue postérieure).

mission droite et d'une corde de transmission croisée. En regard de chaque plateau se trouvent deux conducteurs diamétraux inclinés l'un et l'autre d'environ 60° sur l'horizon, mais en sens contraires ; leurs extrémités portent des *balais* métalliques souples qui frottent contre les secteurs d'étain et les mettent ainsi successivement en contact avec le sol pendant la rotation. Enfin deux peignes embrassent les deux plateaux et communiquent avec deux arcs mobiles, terminés par des boules de décharge et constituant les deux pôles de la machine.

Pour augmenter les effets de la machine, on lui adjoint deux bouteilles de Leyde dont les armatures extérieures communiquent entre elles et les armatures intérieures avec chacun des deux peignes.

Pour mettre la machine en activité, on approche au contact les boules qui terminent les arcs polaires ; puis on met les plateaux en mouvement. Dès que l'on entend un bruissement particulier, on écarte un peu les boules, et il se produit entre elles une série d'étincelles bruyantes.

La théorie de cette machine est assez complexe ; elle sera exposée dans la physique de Première C et D.

102. Applications des machines électrostatiques. — On emploie ces machines pour charger les condensateurs, pour faire des expériences d'électricité statique, etc.

En médecine, la machine de Wimshurst est employée pour le traitement des affections nerveuses. Elle sert en outre dans les hôpitaux à produire de l'oxygène électrisé ou oxygène ozonisé.

103. Effets généraux des décharges électriques. — L'énergie qui a été dépensée dans la charge des condensateurs et des conducteurs électrisés doit se retrouver dans la décharge ; elle se manifeste par des effets qui varient suivant le milieu à travers lequel se produit la décharge.

Les effets *physiologiques* proviennent d'une électrisation ou d'une commotion.

L'électrisation, employée surtout dans le traitement des maladies nerveuses, se pratique avec une machine de Wimshurst, dont on a enlevé les condensateurs. Le malade est isolé sur un tabouret à pieds de verre et mis en communication avec l'un des pôles de la machine.

Les commotions consistent surtout en contractions musculaires ; elles sont produites principalement par les décharges des condensateurs.

Les effets *mécaniques* (ruptures, etc.) se produisent avec les corps mauvais conducteurs. Si, par exemple, on déplace une carte entre les pôles d'une machine de Wimshurst en activité, elle se trouve criblée de trous en quelques instants.

Les effets *lumineux* affectent la forme d'étincelles, d'aigrettes ou de lueurs. Les aigrettes sont dues à l'écoulement de l'électricité par les pointes.

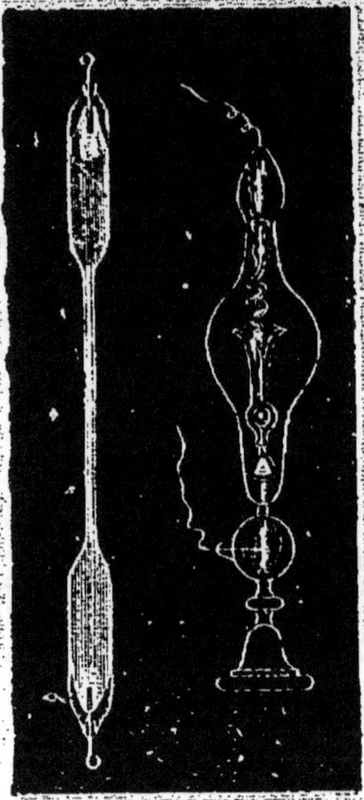

Les lueurs se produisent quand la décharge a lieu dans les gaz raréfiés. L'expérience se fait avec les *tubes de Geissler (fig.* 120). Ce sont des tubes clos en verre, munis aux extrémités de fils de platine, et contenant un gaz dont la force élastique a été réduite à quelques millimètres au plus. Si l'on met les fils de platine en contact avec les pôles d'une machine de Wimshurst en activité, le tube est parcouru par une lueur présentant des parties alternativement brillantes et obscures. On donne à ces tubes mille formes diverses et on obtient les plus beaux effets en variant aussi la nature des gaz.

Fig. 120. — Tubes de Geissler.

RÉSUMÉ DU CHAPITRE XVI

Le fonctionnement des machines électrostatiques repose sur l'électrisation par frottement ou sur les phénomènes d'influence.

Le type des machines à frottement est la *machine de Ramsden*. Un plateau de verre s'électrise positivement par frottement entre deux paires de coussins ; cette électricité est transportée jusqu'en regard de peignes en fer à cheval qui laissent écouler de l'électricité de nom contraire. En même temps, de l'électricité positive est refoulée dans deux gros cylindres reliés par un tube. La machine ne fournit donc que de l'électricité positive.

Les machines électrostatiques ne servent qu'en médecine (production d'ozone, traitement des affections nerveuses) et pour les expériences de cours.

La décharge d'un corps électrisé se manifeste par des effets variables. Les effets physiologiques proviennent d'une électrisation (avec une machine électrostatique) ou d'une commotion (par les décharges des condensateurs). Les effets mécaniques (ruptures) se produisent avec les corps mauvais conducteurs. Les effets lumineux affectent la forme d'étincelles, d'aigrettes ou de lueurs. Les aigrettes sont dues à l'écoulement de l'électricité par des pointes. Les lueurs se produisent dans les gaz raréfiés ; l'expérience se fait avec les tubes de Geissler.

ÉLECTRICITÉ DYNAMIQUE

CHAPITRE XVII

COURANT ÉLECTRIQUE

104. Considérations générales. — Le *débit* des machines électrostatiques, c'est-à-dire la quantité d'électricité qu'elles peuvent fournir en une seconde, est relativement faible et, par suite, non utilisable dans la pratique. Il existe des sources d'électricité (piles, accumulateurs, générateurs électromagnétiques) qui sont au contraire capables de débiter par seconde de grandes quantités d'électricité. Ces sources produisent, comme les machines électrostatiques, de l'électricité positive et de l'électricité négative, et la production d'électricité y est entretenue par des réactions chimiques, de l'énergie mécanique, etc. Lorsque les deux pôles sont réunis par un fil conducteur, il se produit une circulation continue d'électricité dans ce conducteur. Ce mouvement d'électricité, appelé *courant électrique*, est accompagné de manifestations particulières d'énergie ; par exemple, si l'on dispose au-dessus d'une aiguille aimantée en équilibre dans un plan horizontal un fil traversé par un courant, l'aiguille est aussitôt déviée de sa position d'équilibre (*fig*. 121).

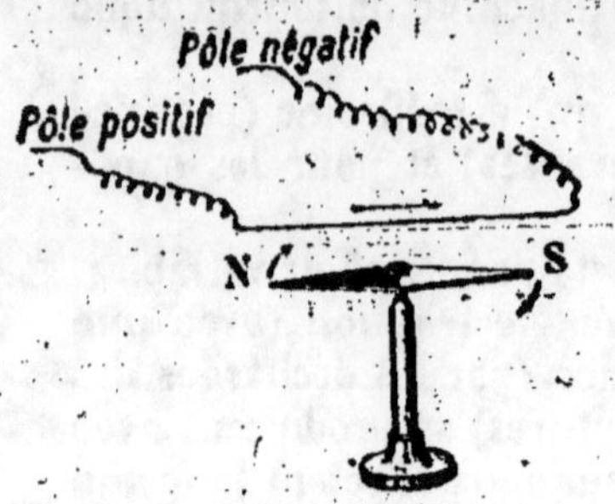

Fig. 121. — Déviation d'une aiguille aimantée par le courant électrique.

105. Premières notions sur les propriétés du courant électrique. — Le courant électrique se produit, comme une décharge électrostatique, sous l'influence d'une différence de potentiel entre deux conducteurs que l'on met en communication. Seulement, tandis que dans la décharge l'échange d'électricités s'effectue dans un temps très court à cause de l'égalisation rapide des potentiels des conducteurs, le mouvement électrique qui se produit quand on réunit les deux pôles d'une source dont la production d'électricité est continue, donne lieu à une circulation continue d'électricité. Cette circulation est telle que chaque section du circuit est traversée au même instant par la même quantité d'électricité.

Une comparaison simple va nous permettre de nous rendre compte des éléments principaux qu'il y a à considérer dans l'étude d'un courant électrique. Soient deux réservoirs situés à des hauteurs différentes et réunis par un tuyau (*fig*. 122). Supposons qu'on y mette de l'eau et qu'à l'aide d'une pompe on fasse remonter dans le réservoir supérieur l'eau qui vient de sortir du réservoir inférieur, de manière à établir entre les niveaux de l'eau une diffé-

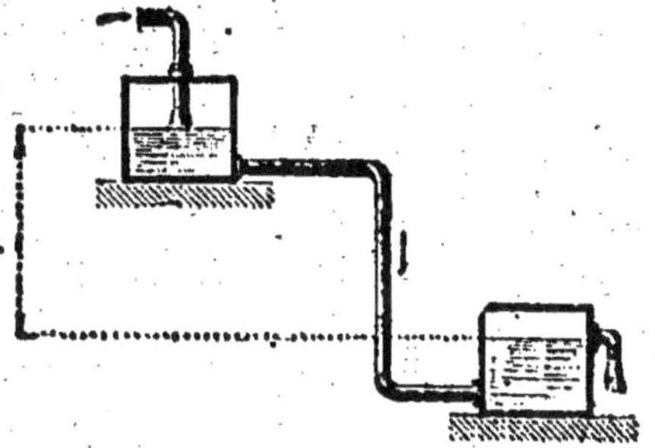
Fig. 122. — Comparaison d'un courant liquide avec un courant électrique.

rence constante. Il y aura dans le tuyau de communication production d'un courant constant. Sans le travail continu de la pompe, les niveaux de l'eau dans les réservoirs se rapprocheraient peu à peu et l'écoulement finirait par s'arrêter.

De même, dans un élément de pile, si l'action chimique cessait tout d'un coup, les électricités développées sur les pôles jusqu'à ce moment seraient bientôt combinées, et le courant *cesserait*.

Le courant constant qui se produit dans le tuyau est caractérisé par la *différence des niveaux* et par le *débit*. De plus, ce tuyau agit par la *résistance* qu'il oppose à l'écoulement. Dans l'étude d'un courant électrique, on doit considérer de même la *différence de potentiel* existant entre les deux pôles, le *débit* et la *résistance* du circuit.

1° Force électromotrice. — La différence de potentiel entre les deux pôles d'un élément de pile en circuit ouvert agit en réalité comme force produisant le courant; c'est pourquoi on lui a donné le nom de *force électromotrice*.

Les différences de potentiel s'expriment en *volts*. Le volt représente à peu près la force électromotrice d'un élément zinc-cuivre-eau acidulée, en circuit ouvert.

2° Intensité. — *L'intensité d'un courant est la qualité*

qui fait que les effets du courant sont plus ou moins forts ; elle est exprimée numériquement par la quantité d'électricité transportée par le conducteur en une seconde.

L'unité pratique d'intensité a été appelée *ampère* (par emprunt du nom du savant français) ; elle correspond à un débit d'un coulomb par seconde.

L'intensité d'un courant est sa qualité fondamentale, celle de laquelle dépendent tous les effets qu'il peut produire. Elle est constante en tous les points d'un même courant ; une partie quelconque du conducteur traversé par un courant, placé parallèlement à une aiguille aimantée mobile dans un plan horizontal, communique toujours à l'aiguille une même déviation. Nous verrons plus loin comment on définit pratiquement l'ampère.

3° Résistance. — Un circuit est d'autant plus résistant qu'il entrave davantage le passage du courant électrique. Cette entrave consiste à consommer une partie du courant, qui a ainsi d'autant moins d'intensité que le conducteur est plus résistant.

Nous avons dit qu'une aiguille aimantée subit toujours la même déviation, quelle que soit la partie du conducteur que l'on dispose au-dessus d'elle. Mais cette déviation varie quand on modifie le conducteur. Si l'on augmente sa longueur ou si l'on diminue sa section, la déviation de l'aiguille diminue ; on en conclut que l'intensité est devenue plus petite. Si l'on réunit successivement les pôles par des fils de même longueur, de même section, mais de nature différente (fer, cuivre, etc.), les déviations de l'aiguille varieront d'un conducteur à l'autre. On conclut de ces expériences que la facilité qu'offre un conducteur au passage du courant dépend de sa longueur, de sa section et de sa nature. Deux conducteurs sont dits avoir des résistances égales s'ils produisent le même affaiblissement d'un courant quand on les substitue l'un à l'autre dans un circuit.

L'unité employée dans la pratique pour comparer les résistances des conducteurs s'appelle l'*ohm* (nom d'un physicien allemand); c'est la résistance que présente au passage d'un courant électrique une colonne de mercure ayant $106^{cm},3$ de longueur à $0°$ et 1 millimètre carré de section. Un conducteur qui, dans un même circuit, affaiblirait l'intensité d'un courant dix fois plus qu'une colonne de mercure ainsi définie, aurait une résistance de 10 ohms.

106. Loi d'Ohm. — L'expérience suivante permet de montrer que le potentiel décroît le long d'un circuit. On se sert d'une bouteille de Leyde, d'un long fil de coton et d'un électroscope ne portant qu'une feuille d'or (*fig.* 123)

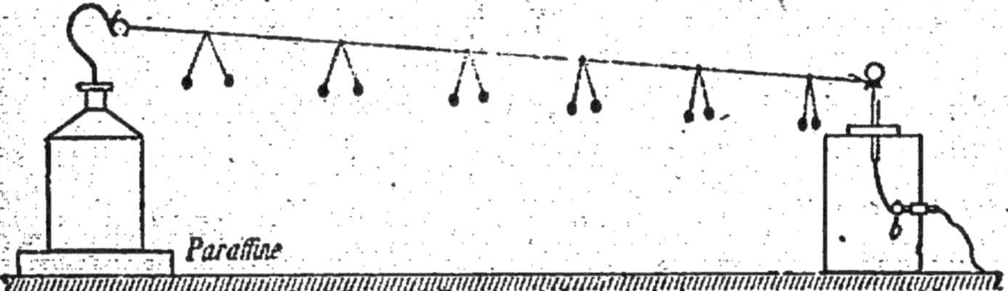

Fig. 123. — Expérience montrant que le potentiel décroît le long d'un circuit.

en regard de laquelle se trouve une boule en laiton *b* fixée à une tige métallique traversant une paroi de la cage. La bouteille de Leyde étant placée sur un plateau de paraffine, on relie le bouton avec celui de l'électroscope par le fil de coton, puis on met au sol le bouton *b*, et on dispose à cheval des doubles pendules le long du fil. Cela fait, on électrise la bouteille en touchant son bouton avec celui d'une seconde bouteille électrisée ; les doubles pendules s'écartent, et leur divergence diminue régulièrement depuis la bouteille jusqu'à l'électroscope ce qui indique une diminution régulière de potentiel.

Un appareil que nous étudierons plus tard permettra de constater que la diminution de potentiel le long d'un circuit parcouru par un courant est régie par une loi importante, dite loi d'Ohm : *la différence de potentiel entre deux points d'un conducteur parcouru par un courant est proportionnelle à l'intensité du courant, proportionnelle aussi à la résistance de la longueur du conducteur comprise entre ces deux points.*

Appelons V le potentiel en un point A d'un conducteur parcouru par un courant, V' le potentiel en un autre point B, on a $V - V' = Ir$, I désignant l'intensité du courant, r la résistance du conducteur de A en B. Considérons en particulier un élément de pile qui ne produit aucun travail particulier ; la relation précédente est encore applicable. La force électromotrice E (différence de potentiel entre les deux pôles en circuit ouvert) est égale au produit de l'intensité I du courant par la résistance totale $R + r$ du circuit (R désignant la résistance intérieure du circuit, r la résistance extérieure).

On a donc
$$E = I(R + r).$$

d'où
$$I = \frac{E}{R + r}.$$

Cette relation, connue sous le nom de loi d'Ohm, exprime que *l'intensité du courant exprimée en ampères est égale à la force électromotrice exprimée en volts divisée par la résistance totale exprimée en ohms.*

107. Courants dérivés. — Supposons que l'on coupe un conducteur parcouru par un courant (*fig.* 124), et qu'on

réunisse les deux bouts séparés A et B par deux fils métalliques ; ces deux fils sont des *dérivations*. On appelle *courant principal* celui qui circule dans le circuit comprenant la source d'électricité et les conducteurs PA et BN ;
courants dérivés ceux qui circulent dans les dérivations r
et r'. Pour étudier la distri-
bution du courant dans les
dérivations, on dispose entre
deux points A et B d'un circuit deux dérivations identiques, c'est-à-dire constituées
par des fils de même longueur,
de même section et de même nature, puis on place un
ampèremètre sur le circuit principal et on fait passer le
courant. Supposons que l'intensité soit 1 ampère. Si on
place ensuite l'ampèremètre successivement sur les deux
dérivations, on constate que l'intensité dans chacune de ces
dérivations n'est que $\frac{1}{2}$ ampère.

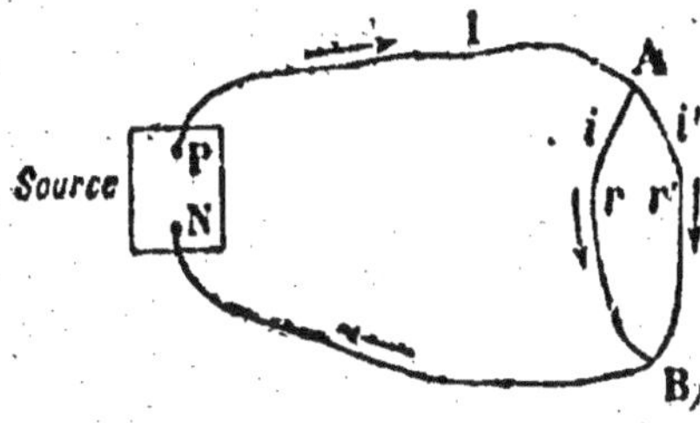

Fɪɢ. 124. — Courants dérivés.

On déduit de cette expérience qu'*en un point de croisement
de plusieurs fils conducteurs parcourus par des courants, l'intensité
du courant principal est la somme des intensités des courants dans
les dérivations.*

En appelant I l'intensité du courant principal, i et i'
les intensités des courants qui parcourent les dérivations,
on a

$$I = i + i'.$$

Cette loi exprime donc simplement qu'il ne peut y avoir
accumulation d'électricité au point de croisement ; elle est
vraie quel que soit le nombre des dérivations.

Lorsque le courant est établi, la différence du potentiel $V-V'$ entre les extrémités A et B est constante. En supposant que les deux dérivations ne soient pas identiques, la loi d'Ohm (106) donne $V-V'=ir=i'r'$, d'où $ir=i'r'$, et $\frac{i}{i'}=\frac{r'}{r}$; c'est-à-dire que les intensités des deux courants dérivés sont inversement proportionnelles aux résistances des dérivations.

RÉSUMÉ DU CHAPITRE XVII

Les sources d'électricité dynamique débitent des quantités d'électricité relativement grandes. Si l'on réunit les deux pôles de la source, il se produit dans le circuit un mouvement de l'électricité, mouvement qui est entretenu (*courant électrique*) par des réactions chimiques ou des actions mécaniques.

L'*intensité* d'un courant s'évalue par la déviation qu'il imprime à une aiguille aimantée mobile dans un plan horizontal. Le courant d'un ampère est un courant qui transporte un coulomb par seconde.

L'expérience montre que la longueur, la section et la nature d'un conducteur parcouru par un courant, influent sur l'intensité du courant.

Entre deux points quelconques d'un conducteur parcouru par un courant, existe une différence de potentiel égale au produit de l'intensité du courant par la résistance du conducteur entre ces deux points (loi d'Ohm).

Si l'on réunit les deux bouts séparés d'un conducteur par des fils métalliques, l'intensité du courant principal est la somme des intensités des courants dans les dérivations, et les intensités des courants dérivés sont inversement proportionnelles aux résistances des dérivations.

CHAPITRE XVIII

PILES. ACCUMULATEURS

---

108. Élément de pile. — Soit un vase contenant de l'eau légèrement acidulée par de l'acide sulfurique (*fig.* 125). Plongeons dans le liquide une lame de cuivre et une lame de zinc, et fixons à chacune de ces lames un fil de cuivre : nous avons ainsi formé un *élément de-pile*. Les lames mé-

talliques s'appellent les *électrodes* ; les fils de cuivre sont
les pôles de l'élément.

L'élément ainsi construit est une source d'électricité ;
ses deux pôles sont électrisés, et il existe entre eux une

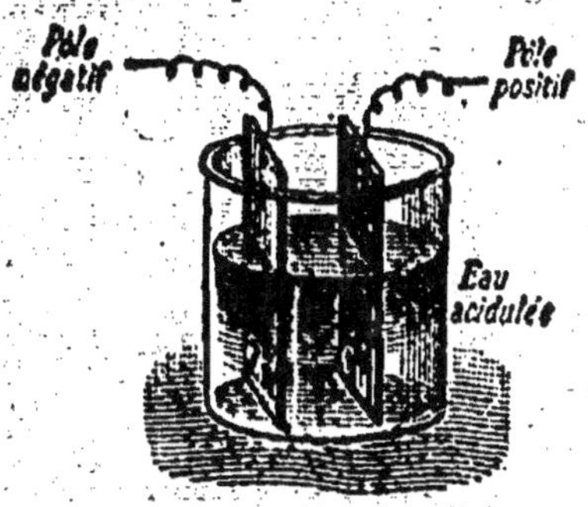

Fig. 125. — Élément de pile.

différence de potentiel qui
reste constante tant que l'on
maintient les deux pôles *écartés*.
Cette différence de potentiel
s'appelle la *force électromotrice* de l'élément de pile ; elle
est d'environ *un volt*. Le pôle
en contact avec la lame de
cuivre est celui dont le poten-
tiel est le plus élevé ; on lui donne le nom de *pôle positif* ;
le pôle en contact avec la lame de zinc s'appelle le *pôle
négatif*.

109. Production du courant électrique. — Si l'on réunit
entre eux les deux pôles de l'élément de pile, les deux électricités qui y sont accumulées étant de signes contraires se
combinent, mais l'équilibre électrique ne peut s'établir à
cause des réactions chimiques qui se produisent dans le
système. Le zinc est oxydé, puis transformé en sulfate de
zinc ; de l'hydrogène se dégage sous forme de bulles le long
de la lame de cuivre. Par cette dépense d'énergie chimique,
il se développe constamment de nouvelles quantités d'électricité qui viennent se combiner à leur tour, de sorte que
l'électricité se trouve sans cesse en mouvement dans le
conducteur extérieur du pôle positif vers le pôle négatif

110. Constitution d'un élément de pile. — Un élément
de pile peut être construit avec un liquide quelconque dans

lequel on plonge deux conducteurs inégalement attaqués par le liquide. Le pôle négatif est toujours du côté de l'électrode la plus attaquée ; le pôle positif, du côté de l'autre électrode.

Dans un élément ainsi constitué (l'élément zinc-cuivre-eau acidulée que noûs avons considéré, par exemple), l'expérience montre que si l'on réunit les deux pôles, le courant s'affaiblit rapidement. Cet affaiblissement est dû en grande partie à ce qu'il se dégage de l'hydrogène qui forme de petites bulles adhérentes à la surface de la lame de cuivre. Or, l'hydrogène étant plus oxydable que le zinc, forme avec la lame de zinc un véritable élément, dans lequel cette lame constitue l'électrode positive, tandis que l'hydrogène joue le premier rôle d'électrode négative. Un courant de sens contraire au premier tend donc à se produire, et au bout de peu de temps le courant ordinaire cesse presque complètement. On dit alors que les électrodes de l'élément de pile sont *polarisées*, et on désigne ce phénomène sous le nom de *polarisation*.

Si l'on veut avoir un élément à *courant sensiblement constant*, il faut employer un composé qui absorbe l'hydrogène au fur et à mesure de sa formation et empêche ainsi le dépôt de ce gaz sur l'électrode positive. Les composés qui remplissent ce but portent le nom de *dépolarisants*.

Nous décrirons, comme exemple d'élément très employé, l'élément Leclanché, qui se polarise rapidement, mais reprend sa force électromotrice primitive après un repos suffisant.

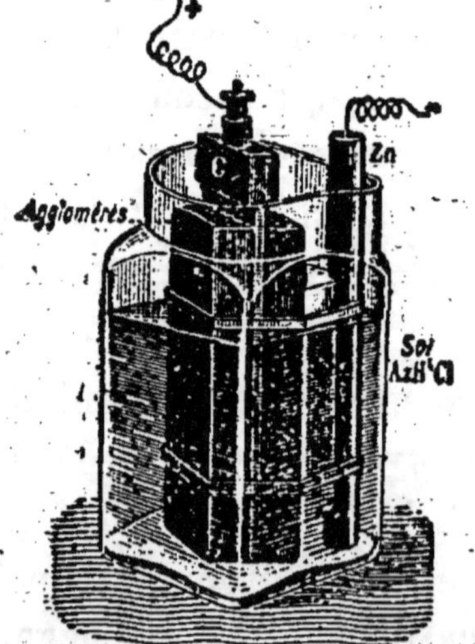

Fig. 126. — Élément Leclanché.

111. Élément Leclanché. — L'électrode positive est une lame de charbon enfouie entre deux plaques de charbon et de bioxyde de manganèse agglomérés avec de la gomme laque (*fig.* 126). L'électrode négative est une tige de zinc. L'ensemble des électrodes et des plaques est placé dans un vase en verre contenant une dissolution de sel ammoniac (chlorure d'ammonium).

Le zinc décompose le chlorure d'ammonium :

$$2AzH^4Cl + Zn = ZnCl^2 + 2AzH^{3\nearrow} + 2H^{\nearrow}.$$

L'hydrogène provenant de cette réaction réduit à son tour le bioxyde de manganèse, qui joue ainsi le rôle de dépolarisant :

$$2MnO^2 + 2H = Mn^2O^3 + H^2O.$$

La force électromotrice de l'élément Leclanché est d'environ $1^{volt},5$.

112. Applications des piles. — Les piles ont été pendant longtemps les seules sources employées pour avoir un courant électrique. Aujourd'hui que l'on a des machines puissantes fournissant de l'électricité plus économiquement, l'emploi des piles se restreint de plus en plus.

On utilise les piles pour les expériences de laboratoire, pour actionner les sonneries électriques, les bobines d'induction ; on les emploie en télégraphie, en téléphonie, dans les petits ateliers de galvanoplastie, etc.

113. Accumulateurs. — *Les accumulateurs sont des appareils qui emmagasinent, accumulent de l'électricité en utilisant le phénomène de la polarisation des électrodes.*

Principe. — Considérons un vase de verre contenant de l'eau acidulée (10 % en volume d'acide sulfurique) et deux électrodes en oxyde de plomb (*fig.* 127). Disposons sur le circuit un ampèremètre, une pile, et faisons passer le courant ; l'aiguille de l'ampèremètre sera déviée dans un sens quelconque. Le passage du courant détermine sur les électrodes une polarisation identique à celle qui se produit sur les électrodes d'une pile (110), et accompagnée comme elle d'une force contre-électromotrice. L'eau acidulée est décomposée, mais l'oxygène et l'hydrogène ne se dégagent pas; l'oxygène se porte sur l'électrode positive et y forme une couche rouge brune de bioxyde de plomb :

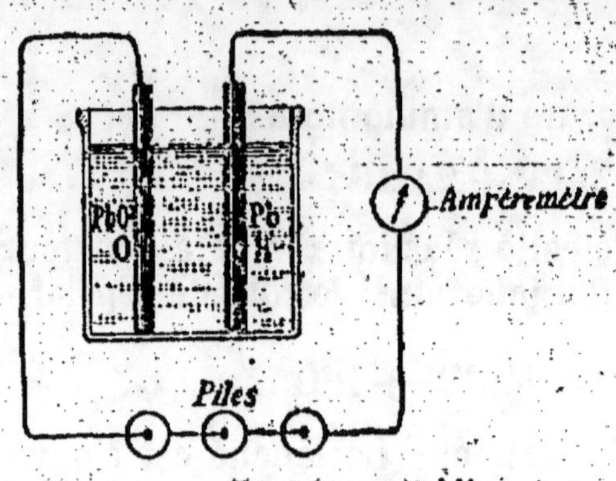

Fig. 127. — Expérience établissant le principe des accumulateurs.

$$PbO + O = PbO^2.$$

L'hydrogène se porte sur l'électrode négative, réduisant l'oxyde de plomb :

$$PbO + 2H = H^2O + Pb,$$

et cette électrode se recouvre d'une couche de plomb réduit gris bleuâtre. Lorsqu'on voit des bulles d'oxygène et d'hydrogène se dégager le long des électrodes, on interrompt le courant, puis on enlève la pile et on joint par un fil conducteur les points P et P'. L'ampèremètre indique l'existence d'un nouveau courant de sens contraire au premier. L'oxygène se porte sur l'électrode négative et transforme le plomb poreux en oxyde de plomb :

$$Pb + O = PbO;$$

l'hydrogène se porte sur l'électrode positive et réduit le bioxyde de plomb qui s'était formé pendant la charge

$$PbO^2 + 2H = H^2O + PbO.$$

RÉSUMÉ DU CHAPITRE XVIII

On obtient un élément de pile en plongeant par exemple une lame de zinc et une lame de cuivre dans de l'eau acidulée et en fixant à chacune de ces lames un fil de cuivre. Les deux fils de cuivre s'électrisent, l'un positivement, l'autre négativement. Si on les réunit, il se produit dans le circuit un mouvement d'électricité, mouvement qui est entretenu (*courant électrique*) par des réactions chimiques (formation de sulfate de zinc, dégagement d'hydrogène).

La force électromotrice d'un élément de pile s'évalue en *volts*; l'intensité du courant (quantité d'électricité par seconde), en *ampères*; la résistance du circuit en *ohms*.

Un élément de pile se compose d'un liquide dans lequel on plonge deux conducteurs inégalement attaqués par le liquide. Dans l'élément Leclanché, le liquide est une dissolution de sel ammoniac ; l'électrode positive, une lame de charbon ; l'électrode négative, une tige de zinc.

Les piles servent à actionner les sonneries, les téléphones, en galvanoplastie, etc.

Les *accumulateurs* emmagasinent de l'électricité en utilisant le phénomène de la polarisation. Les accumulateurs actuels se composent d'électrodes d'oxyde de plomb immergées dans de l'eau acidulée. Quand on y fait passer un courant, l'oxygène se porte sur l'électrode positive et forme du bioxyde de plomb, l'hydrogène se porte sur l'électrode négative et ramène l'oxyde de plomb à l'état de plomb poreux. Si l'on relie les deux électrodes après avoir interrompu le courant de charge, l'oxygène se porte sur l'électrode négative et transforme le plomb en oxyde de plomb, l'hydrogène se porte sur l'électrode positive et réduit le bioxyde de plomb qui s'y était formé.

EXERCICES SUR LE CHAPITRE XVIII

17. Quelle est la force électromotrice d'un élément de pile, sachant que l'intensité du courant qu'il fournit est de $3^{amp},6$ et que la résistance totale de l'élément et du fil interpolaire est de $0^{ohm},5$?

18. Un élément de pile a une force électromotrice égale à $1^{volt},48$. La résistance totale de la pile et du circuit est de $0^{ohm},25$.

Quelle quantité d'électricité évaluée en coulombs fournira le courant en une heure ?

CHAPITRE XIX

EFFETS DU COURANT

EFFETS CHIMIQUES

114. Définitions. — Lorsqu'un circuit parcouru par un

courant contient un *composé conducteur liquide*, le passage du courant est toujours accompagné d'une décomposition du liquide en des produits simples.

La décomposition du composé liquide par le courant s'appelle *électrolyse* et le liquide lui-même s'appelle un *électrolyte*. Les conducteurs qui servent à y faire passer le courant sont les *électrodes* ; l'électrode positive est l'*anode* et l'électrode négative la *cathode*.

Les seuls électrolytes connus sont des composés renfermant un *métal* ou de l'*hydrogène* (acides, bases ou sels). Dans l'électrolyse de ces composés, on remarque que les produits de la décomposition n'apparaissent que sur les électrodes. De plus, *la séparation se fait toujours entre le métal (ou hydrogène) et le groupe simple ou composé (radical) qui lui est uni ; le métal apparaît sur la cathode, le radical sur l'anode.*

115. Électrolyse de l'acide sulfurique étendu. — Cette électrolyse se fait dans un vase de verre (*fig.* 128) que l'on

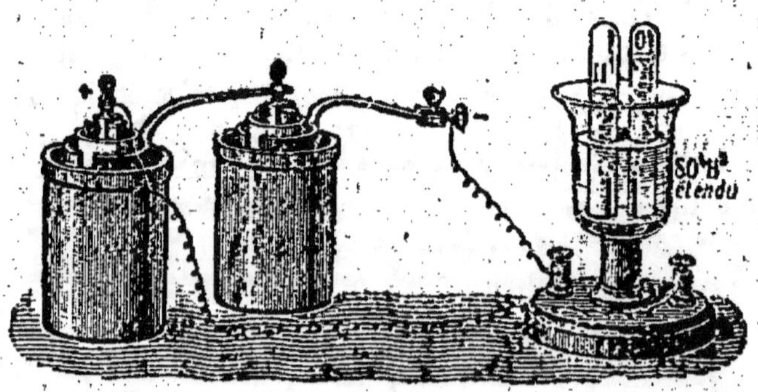

Fig. 128. — Électrolyse de l'acide sulfurique étendu.

remplit d'eau acidulée par l'acide sulfurique. Le fond du vase est traversé par deux fils de platine sur lesquels on renverse deux tubes remplis également d'eau acidulée. Si l'on dispose les fils de platine sur un circuit parcouru par un courant, l'acide sulfurique se décompose en SO^4 et H^2. L'hydrogène se dégage sur la cathode ; le radical SO^4 se porte vers l'anode, où il se dédouble en oxygène qui se dégage et en anhydride sulfurique SO^3 qui réagit sur l'eau pour former de l'acide sulfurique. A un moment quelconque, le volume de l'hydrogène est le double de celui de l'oxygène.

L'électrolyse de l'acide sulfurique étendu rend apparente la composition de l'eau en volume.

116. Électrolyse des hydrates alcalins. — Lorsqu'on électrolyse une dissolution de soude ou de potasse, le métal mis en liberté se porte à la cathode, l'oxygène et l'eau à l'anode :

$$2NaOH = 2Na + H^2O + O^{\nearrow}.$$
$$\text{—} \qquad + \qquad +$$

Le métal réagit ensuite sur l'eau, reforme la base alcaline et il se dégage de l'hydrogène sur la cathode :

$$2Na + 2H^2O = 2NaOH + 2H^{\nearrow}.$$

C'est par l'électrolyse de la soude et de la potasse que l'on obtient aujourd'hui le sodium et le potassium.

117. Électrolyse des sels. — Nous prendrons comme exemple l'électrolyse d'une dissolution de *sulfate de cuivre*.

Dans les deux branches d'un tube en U renfermant une dissolution de ce sel (*fig.* 129), on plonge deux lames de platine communiquant avec les deux pôles d'une pile ; on voit bientôt la cathode se recouvrir de cuivre métallique, en même temps que des

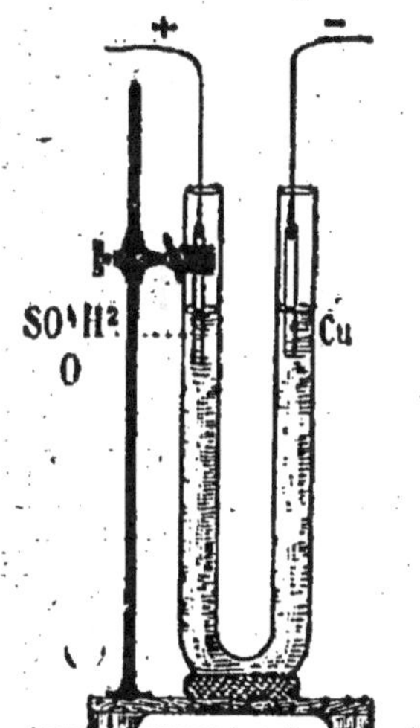

Fig. 129. — Électrolyse du sulfate de cuivre en dissolution.

bulles d'oxygène se dégagent autour de l'anode ; de plus, le liquide qui entoure cette dernière est devenu très riche en acide sulfurique. La décomposition a lieu d'après les équations suivantes :

$$SO^4Cu = SO^4 + Cu,$$

$$SO^4 + H^2O = SO^4H^2 + O.$$

Si l'on prend comme anode une lame de cuivre au lieu d'une lame de platine, il ne se dégage pas d'oxygène ; le radical SO^4 s'unit au cuivre pour reformer une quantité de sulfate de cuivre égale à celle qui a été décomposée pendant le même temps, de telle sorte que la dissolution garde une composition constante.

Applications. — L'électrolyse des sels a reçu des applications importantes.

La *galvanoplastie* a pour but de reproduire des modèles au moyen d'un moule sur lequel le métal est précipité par électrolyse sans y adhérer.

La *galvanisation* a pour but de déposer à la surface d'un corps une couche métallique mince adhérente. Elle comprend la dorure, l'argenture, le nickelage, etc.

Enfin, dans l'*électrométallurgie*, on extrait un métal de ses minerais ou bien on le purifie par l'électrolyse.

118. Définition pratique du coulomb et de l'ampère. — L'expérience montre que, pour mettre en liberté 1^g d'hydrogène dans un voltamètre à acide sulfurique étendu, il faut une quantité d'électricité égale à 96 600 coulombs ; un coulomb met donc en liberté $\frac{1}{96\,600} = 0^{mg},01035$ d'hydrogène. Dans un voltamètre à azotate d'argent, un coulomb mettrait en liberté (108 étant la masse atomique de l'argent) $108 \times 0,01035 = 1^{mg},118$ d'argent.

L'ampère correspond au débit d'un coulomb par seconde. On peut donc définir l'ampère *l'intensité du courant constant qui traversant un voltamètre à azotate d'argent, dépose l'argent à raison de $1^{mg},118$ par seconde.*

EFFETS CALORIFIQUES

119. Loi de Joule. — Le courant électrique échauffe les conducteurs qu'il traverse. Pour le montrer, on introduit un fil de fer fin dans un circuit parcouru par un courant : le fil devient incandescent. Si l'on fait passer un courant dans une spirale de platine plongée dans l'eau, on amène l'eau en ébullition au bout de quelques minutes.

L'ingénieur anglais Joule a montré que *la chaleur dégagée dans un fil conducteur par le passage d'un courant est proportionnelle :*

1° au carré de l'intensité du courant ;

2° à la résistance de la partie de conducteur considérée ;

3° au temps pendant lequel le courant passe.

Cette loi est résumée par la formule

$$Q = AI^2 rt,$$

dans laquelle Q désigne la quantité de chaleur, exprimée en calories, dégagée pendant t secondes ; I l'intensité du courant exprimée en ampères ; r la résistance du conducteur exprimée en ohms ; A un coefficient constant qui est égal à $\dfrac{1}{4,18}$.

120. Applications. — La chaleur produite dans un fil conducteur par le passage d'un courant est utilisée en chirurgie pour enlever les tumeurs, les polypes et pour la cautérisation des plaies.

Le chauffage par l'électricité est encore peu usité, à cause de son prix de revient relativement élevé.

Enfin l'incandescence produite par les courants a reçu une application importante dans les lampes à incandescence (122).

EFFETS LUMINEUX

121. Considérations générales. — Lorsqu'une région d'un circuit présente une grande résistance, il y a dans cette région un grand dégagement de chaleur d'après la loi de Joule, et si ce dégagement est assez intense, il y a production de lumière.

Les effets lumineux produits par l'énergie électrique sont utilisés sous deux formes : l'*incandescence* d'un conducteur dans le vide et l'*arc voltaïque*.

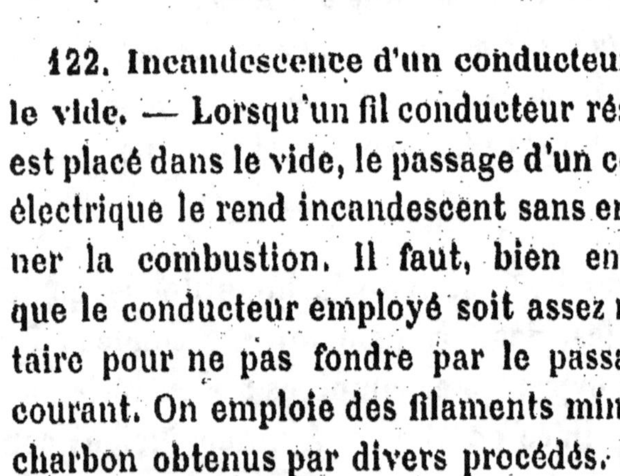

Fig. 130. — Lampe à incandescence.

122. Incandescence d'un conducteur dans le vide. — Lorsqu'un fil conducteur résistant est placé dans le vide, le passage d'un courant électrique le rend incandescent sans en amener la combustion. Il faut, bien entendu, que le conducteur employé soit assez réfractaire pour ne pas fondre par le passage du courant. On emploie des filaments minces de charbon obtenus par divers procédés. On les enferme dans des ampoules en verre où l'on fait le vide, ou que l'on remplit avec des gaz non comburants très raréfiés. On obtient ainsi les *lampes à incandescence* (*fig.* 130).

On emploie couramment aujourd'hui des lampes électriques dans lesquelles le carbone est remplacé par un oxyde métallique plus résistant, comme la magnésie, ou par des filaments de divers métaux ; celles au tantale (*fig.* 131) dépensent la moitié de l'énergie nécessaire aux lampes à charbon, et celles au tungstène et à l'osmium moins du tiers.

Fig. 131. — Lampe au tantale.

123. Arc voltaïque. — On donne le nom d'arc voltaïque à la flamme brillante qui jaillit entre deux charbons taillés en pointe placés dans le circuit d'un courant intense, lorsqu'on les écarte légèrement l'un de l'autre.

Les charbons doivent d'abord être amenés en contact ; s'ils sont tant soit peu écartés, la résistance de l'air est trop grande et le courant ne passe pas. Lorsque les charbons sont en contact, l'air environnant s'échauffe et devient conducteur, de sorte que si à ce moment on écarte légèrement les pointes, le courant continue à passer et l'étincelle persiste en produisant une lumière continue, rendue brillante par l'incandescence des particules de carbone détachées des charbons. Au contact de l'oxygène de l'air, ces particules brûlent et se volatilisent ; il y a usure des charbons, la longueur de l'arc augmente progressivement et il peut même arriver que l'arc s'éteigne, la résistance de l'air interposé entre les pointes devenant trop considérable. Il est donc nécessaire de rapprocher les charbons à mesure qu'ils s'usent, afin de conserver à l'arc sa longueur normale.

Si l'on projette sur un écran, à l'aide d'une lanterne de projection, l'image de l'arc et des deux charbons (*fig.* 132), on remarque que ce sont surtout les pointes de charbon qui ont de l'éclat. De plus, si le courant employé conserve toujours le même sens, l'extrémité du charbon positif se creuse en forme de cratère, tandis que celle du charbon négatif conserve la forme d'une pointe plus ou moins émoussée.

La température du charbon positif est d'environ 3000°, celle du charbon négatif 2200°.

Fig. 132. — Projection de l'arc voltaïque sur un écran.

Davy, qui a observé le premier l'arc voltaïque (1808), disposait les charbons horizontalement. La flamme obtenue était courbée par le courant d'air chaud ascensionnel et Davy lui donnait, pour cette raison, le nom d'arc voltaïque. Actuellement on dispose les charbons verticalement l'un au-dessus de l'autre ; le courant d'air chaud dont nous venons de parler ne se produit plus et il n'y a pas d'arc proprement dit.

Applications. — L'arc voltaïque sert pour l'éclairage (*lampes à arc*) ; on utilise sa température très élevée pour souder les métaux à eux-mêmes (plaques de tôle, barres d'acier, etc.) et dans les *fours électriques*, qui servent à préparer le carbure de calcium, l'aluminium et ses alliages, etc. (V. *Chimie*).

RÉSUMÉ DU CHAPITRE XIX

Tout composé conducteur à l'état liquide est décomposé par le passage d'un courant. La séparation se fait toujours entre le métal ou l'hydrogène et le radical qui lui est uni ; le métal se porte sur la cathode, le radical sur l'anode.

L'électrolyse de l'*acide sulfurique étendu* se fait dans un voltamètre à fils de platine ; de l'oxygène se dégage à l'anode, un volume double d'hydrogène à la cathode. En réalité, c'est l'acide sulfurique qui se décompose ; le radical SO^4 se dédouble en SO^3, qui reforme de l'acide sulfurique, et en oxygène qui se dégage.

La plus importante des électrolyses de sels est celle du sulfate de cuivre : il y a dépôt de cuivre sur la cathode et formation d'acide sulfurique à l'anode.

Les applications des électrolyses des sels sont la galvanoplastie, la galvanisation et l'électrométallurgie.

L'expérience montre qu'un coulomb met en liberté $\dfrac{1}{96\,600}$ $= 0^{mg},01035$ d'hydrogène ou $0,01035 \times 108 = 1^{mg},118$ d'argent. De là une définition pratique du coulomb et aussi de l'ampère, l'ampère correspondant au débit d'un coulomb par seconde.

Le courant échauffe les conducteurs qu'il traverse ; les fils fins et résistants (fer, platine) rougissent, fondent et se volatilisent.

La quantité de chaleur dégagée pendant l'unité de temps dans un fil conducteur par le passage d'un courant est proportionnelle au carré de l'intensité du courant et à la résistance du conducteur (loi de Joule).

Les effets lumineux se manifestent lorsqu'une région du circuit présente une grande résistance ; on les utilise sous forme d'incandescence d'un conducteur dans le vide et d'arc voltaïque.

Les *lampes à incandescence* sont formées d'un fil conducteur en charbon très fin et très résistant enfermé dans une ampoule en verre où l'on a raréfié l'air ou un gaz non comburant.

L'*arc voltaïque* est la flamme brillante qui jaillit entre deux charbons parcourus par un courant intense, lorsqu'on les écarte légèrement l'un de l'autre. L'éclat de cette flamme est dû à des particules de carbone qui se détachent des charbons, brûlent et se volatilisent. L'arc voltaïque est utilisé dans les lampes, dans les fours électriques.

EXERCICES SUR LE CHAPITRE XIX

19. Un courant passant à travers un voltamètre à azotate d'argent pendant 35 minutes dépose $13^g,25$ de métal. Quelle est l'intensité du courant et combien a-t-il passé de coulombs ?

20. On fait passer pendant 10 minutes un courant de $2^{amp},5$ dans un fil de cuivre ayant 5 ohms de résistance. Le fil est plongé dans un calorimètre contenant 500^g d'eau. Quelle sera l'élévation de température de l'eau ?

CHAPITRE XX

MAGNÉTISME

124. Aimants. — *On donne le nom d'aimant à tout corps qui jouit de la propriété d'attirer le fer.*

Certains échantillons d'un oxyde de fer Fe^3O^4 possèdent naturellement cette propriété ; on les appelle des *aimants naturels*. Par simple frottement avec des aimants ou par l'action d'un courant électrique, l'acier et le fer peuvent devenir des aimants. Les aimants ainsi obtenus sont des *aimants artificiels* ; ils ont les mêmes propriétés que les aimants naturels et sont seuls employés.

125. Pôles des aimants. — Si l'on roule un barreau aimanté dans de la limaille de fer, celle-ci se fixe, sous forme de houppes, autour de deux centres voisins des extrémités

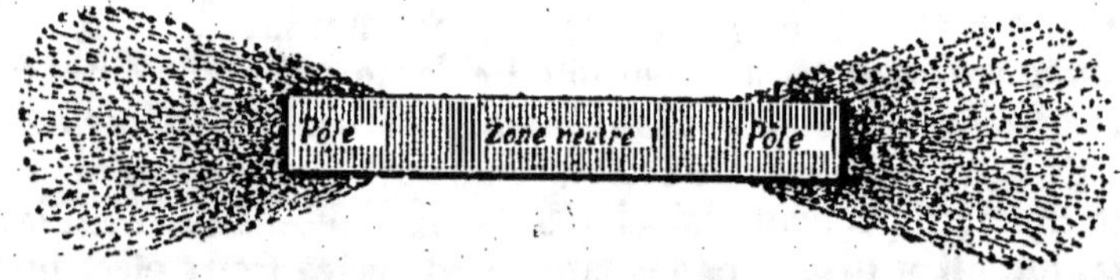

Fig. 133. — Attraction de la limaille de fer par un barreau aimanté.

(*fig.* 133); elle n'adhère pas à la région moyenne. Ces extrémités actives s'appellent les pôles de l'aimant ; la région moyenne sans action est la zone neutre. Tout aimant présente ainsi deux pôles et une zone neutre.

126. Distinction des pôles. — Si l'on fait reposer une

aiguille aimantée sur un pivot vertical (*fig.* 134), et qu'on l'abandonne à elle-même, elle prend après quelques oscillations une direction fixe qui est à peu près celle du Sud au Nord. L'aiguille écartée de cette direction y revient d'elle-même, et c'est toujours la même extrémité qui se dirige vers le Nord. Le pôle qui se

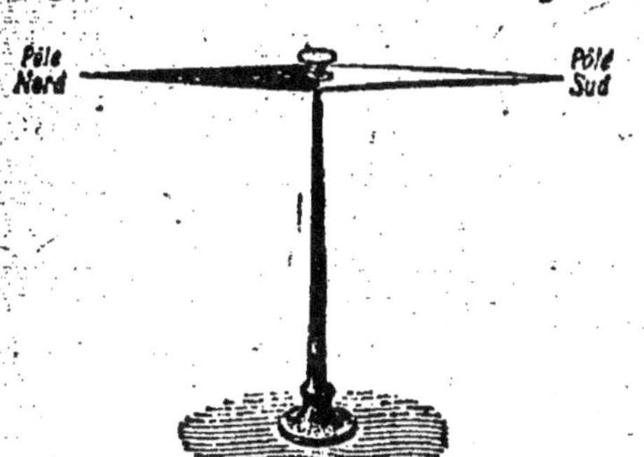

Fic. 134. — Orientation d'une aiguille aimantée mobile dans un plan horizontal.

dirige vers le Nord prend le nom de *pôle Nord* ; celui qui se dirige vers le Sud s'appelle *pôle Sud*.

127. Actions mutuelles des pôles de deux aimants. — Quand on approche d'une aiguille aimantée mobile sur un pivot une autre aiguille aimantée ou un barreau aimanté (*fig.* 135), on constate que le pôle fixe repousse le pôle mobile s'il est de même nom (Sud-

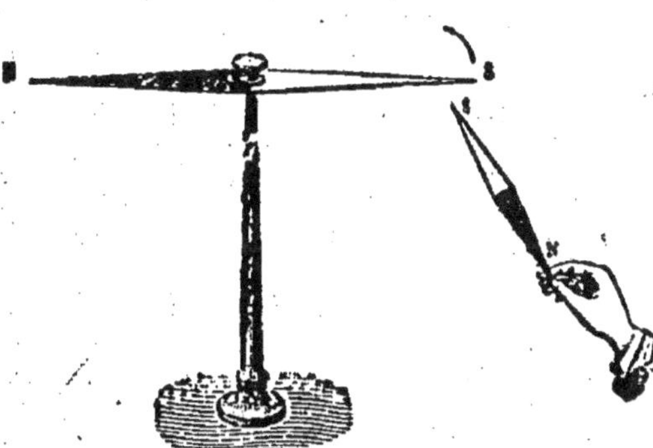

Fig. 135. — Action mutuelle des pôles de deux aiguilles aimantées.

Sud par exemple) ; il l'attire s'il est de nom contraire.

On en conclut que : *Deux pôles de même nom se repoussent ; deux pôles de noms contraires s'attirent.*

128. Champ magnétique d'un aimant. — Plaçons une feuille de carton sur un barreau aimanté horizontal, et projetons sur cette feuille, au moyen d'un tamis, de la limaille de fer ; en donnant de légers coups sur la feuille

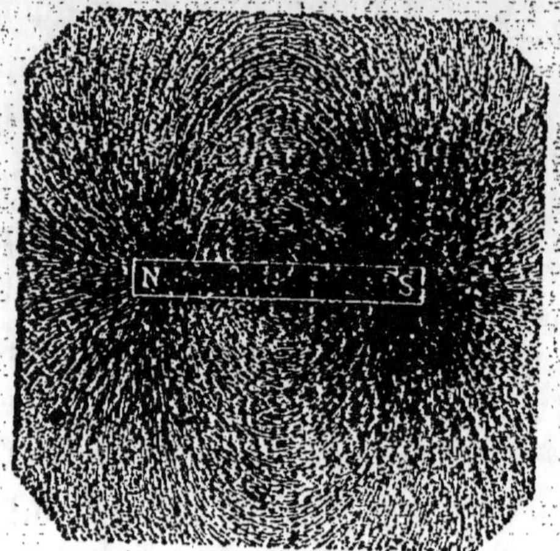

Fig. 136. — Spectre magnétique d'un barreau aimanté.

avec les doigts, nous verrions les parcelles de limaille, obéissant à l'attraction magnétique, s'aligner en courbes régulières et continues qui vont en divergeant à partir des points du papier en regard des pôles (*fig.* 136).

Ces courbes portent le nom de *lignes de force*.

L'ensemble de la figure ainsi formée s'appelle *spectre magnétique* du barreau aimanté 'La portion de l'espace où s'étend l'action de l'aimant constitue le *champ magnétique*.

Le *sens* des lignes de force d'un champ magnétique est défini par la direction que prendrait une petite aiguille aimantée fixée sur un pivot vertical reposant sur la feuille de carton. Il résulte de cette définition que les lignes de force d'un aimant sortent du pôle Nord

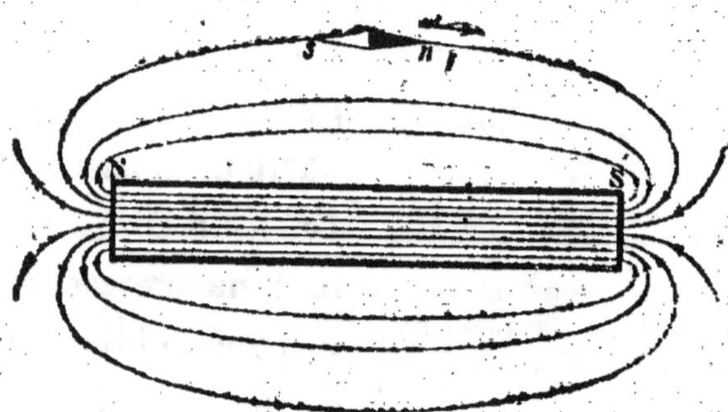

Fig. 137. — Direction des lignes de force d'un champ magnétique.

et rentrent dans le pôle Sud. La figure 137 montre grossièrement la direction des lignes de force du champ magnétique produit par un barreau aimanté.

129. Aimantation par influence. — Toute substance magnétique placée dans un champ magnétique devient elle-même un aimant. Par exemple, dans l'expérience du spectre magnétique, les parcelles de limaille deviennent de petits aimants et prennent la direction des lignes de force ; chaque parcelle a son pôle Nord du côté d'où sortent les lignes de force et son pôle Sud du côté où elles aboutissent. De même, lorsqu'on approche un morceau de fer doux d'un barreau aimanté, le fer doux s'aimantant par influence présente au pôle du barreau un pôle de nom contraire et est attiré.

Le *fer doux*, dont nous venons de parler, est du fer aussi pur que possible qu'on a recuit un grand nombre de fois pour lui enlever toute trace de magnétisme [d'un certain magnétisme *rémanent* (130)].

130. Magnétisme temporaire et magnétisme rémanent. — Principales formes d'aimants. — On peut obtenir un aimant en frottant la substance magnétique à aimanter avec le pôle d'un barreau déjà aimanté ; mais le seul procédé qui fournisse des aimants réguliers et très puissants repose sur l'emploi d'un courant électrique (138).

Le fer et l'acier se comportent de deux manières différentes au point de vue de l'aimantation. Avec le fer pur (*fer doux* du commerce), l'aimantation est énergique, mais elle tend à disparaître dès que l'influence du courant ou de l'aimant cesse. Le fer doux ne peut donc donner que les aimants *temporaires*. Au contraire, l'acier fournit les aimants *permanents*. Son aimantation se produit moins facilement que celle du fer doux ; elle est moins énergique, mais elle persiste après l'influence. Le magnétisme qui persiste ainsi quand l'influence a cessé s'appelle *magnétisme rémanent*.

Les aimants temporaires, obtenus par l'action des courants sur le fer doux portent le nom d'*électro-aimants*. Nous verrons plus loin leur constitution et leurs applications.

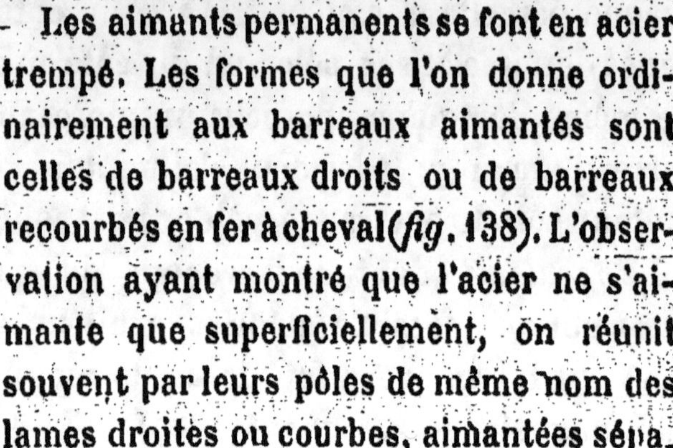

Fig. 138. — Barreau aimanté recourbé en fer à cheval, à trois lames.

— Les aimants permanents se font en acier trempé. Les formes que l'on donne ordinairement aux barreaux aimantés sont celles de barreaux droits ou de barreaux recourbés en fer à cheval (*fig.* 138). L'observation ayant montré que l'acier ne s'aimante que superficiellement, on réunit souvent par leurs pôles de même nom des lames droites ou courbes, aimantées séparément. Les faisceaux ainsi composés constituent des aimants puissants ; on les emploie principalement dans les machines magnéto-électriques.

MAGNÉTISME TERRESTRE

131. Considérations générales. — Nous avons vu qu'une aiguille aimantée suspendue horizontalement et abandonnée à elle-même prend une direction fixe qui est sensiblement celle du Sud au Nord ; on en conclut que la Terre crée dans son voisinage un champ magnétique.

Dans la pratique, on définit la direction du champ magnétique terrestre à l'aide de deux angles, la *déclinaison* et l'*inclinaison*.

132. Déclinaison. — Considérons une aiguille aimantée mobile autour d'un axe vertical, sur un cercle horizontal (*fig.* 139). Dans nos régions, le pôle-Nord de l'aiguille se place un peu à l'ouest de la direction MA de la méridienne astronomique ; l'angle plan δ que forment les moitiés Nord de l'aiguille et de la droite MA est la *déclinaison*.

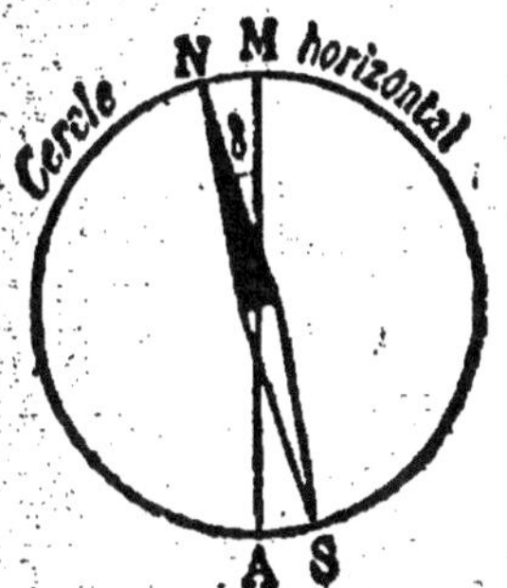

Fig. 139. — Angle de déclinaison.

Le plan vertical dans lequel se fixe l'aiguille s'appelle le *méridien magnétique*, et la direction d'équilibre de l'aiguille est la *méridienne magnétique*. On peut donc définir la déclinaison en un lieu déterminé, *l'angle plan des parties Nord des méridiennes magnétiques et astronomiques*.

Boussoles de déclinaison. — Les boussoles de déclinaison les plus simples se composent d'un cercle en cuivre (*fig.* 140), divisé au pourtour, et portant au centre une aiguille aimantée reposant par une chape d'agate sur un pivot d'acier.

Fig. 140. — Boussole de déclinaison.

Quand le cercle est placé horizontalement, on peut obtenir exactement la direction Sud-Nord si l'on connaît la déclinaison du lieu où l'on se trouve. Inversement, si le cercle, toujours disposé horizontalement, est orienté de manière que le diamètre qui passe par le zéro de la graduation soit dans le méridien astronomique, la division où s'arrêtera le pôle Nord de l'aiguille indique la déclinaison du lieu.

Les boussoles de déclinaison sont utilisées dans les travaux d'arpentage, de nivellement, de topographie. Elles sont indispensables à bord des navires, pour pouvoir les maintenir dans la direction qu'ils doivent suivre.

Variations de la déclinaison. — La déclinaison varie, non seulement d'un lieu à un autre du globe, mais encore en un lieu donné avec le temps.

A Paris, les observations à ce sujet ont commencé en 1580 ; la déclinaison était alors orientale et égale à 11° 30' ; en 1664, l'aiguille aimantée marquait exactement la direction Sud-Nord. Depuis cette époque, la déclinaison est occidentale ; elle a été en augmentant jusqu'en 1824 où elle a atteint 22° 34', puis elle a commencé à décroître. Sa valeur, le 1er janvier 1912, était de 13° 50' ; elle diminue actuellement de 6' à 7' par an.

133. Inclinaison. — Soit une aiguille aimantée assujettie à un axe horizontal passant par son centre de gravité, et se mouvant en regard d'un cercle vertical (*fig.* 141). Plaçons ce cercle dans le méridien magnétique. Dans nos régions, c'est le pôle Nord de l'aiguille qui pointe vers le sol ; le plus petit des deux angles que fait la partie Nord avec l'horizontale est l'*inclinaison*.

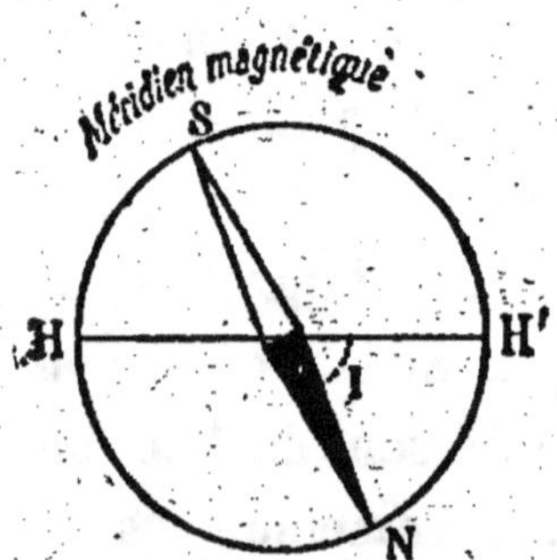

Fig. 141. — Angle d'inclinaison.

Variations de l'inclinaison. — Les observations relatives à la valeur de l'inclinaison à Paris datent seulement de 1671. A cette époque, elle était d'environ 75° ; sa valeur, le 1er janvier 1912, était de 64° 33' ; elle diminue actuellement de 1' à 2' par an.

L'observation a montré qu'il existe sur la Terre deux points où l'aiguille se tiendrait verticalement (inclinaison de 90°) ; ces points, appelés *pôles magnétiques*, sont situés l'un au Nord de l'Amérique à 15° du pôle arctique, l'autre à 48° environ du pôle antarctique. La ligne d'inclinaison nulle porte le nom d'*équateur magnétique* ; elle représente sensiblement un grand cercle coupant l'équateur géographique en deux points situés à peu près aux extrémités d'un même diamètre. Au nord de l'équateur magnétique, le pôle Nord de l'aiguille pointe vers le sol ; au sud de cette ligne, c'est au contraire le pôle Sud de 'aiguille qui s'incline au-dessous de l'horizon.

RÉSUMÉ DU CHAPITRE XX

Les aimants ont la propriété d'attirer le fer. Les aimants *naturels* sont de l'oxyde Fe^3O^4. Les aimants *artificiels* sont constitués par de l'acier ou par du fer doux.

Les deux extrémités d'un aimant sont seules actives ; ce sont les *pôles*. La région moyenne est sans action sur la limaille de fer.

Une aiguille aimantée mobile dans un plan horizontal prend à peu près la direction Sud-Nord ; le pôle qui se dirige vers le Nord s'appelle *pôle Nord* ; le pôle qui se dirige vers le Sud, *pôle Sud*.

Si l'on présente un aimant fixe à un aimant mobile, on constate que deux pôles de même nom se repoussent et que deux pôles de noms contraires s'attirent.

Tout aimant crée autour de lui un *champ magnétique*. Ce champ est caractérisé par les lignes de force que dessine de la limaille de fer projetée sur du carton recouvrant l'aimant.

On aimante presque exclusivement par les courants. Le fer doux ne peut donner que des aimants *temporaires* (électro-aimants). L'acier fournit des aimants *permanents*, auxquels on donne différentes formes (barreaux droits, barreaux en fer à cheval, etc.).

La Terre crée dans son voisinage un champ magnétique.

Lorsqu'une aiguille aimantée est fixée sur un point vertical de manière à se mouvoir librement dans un plan horizontal, elle ne prend pas exactement dans nos régions la direction Sud-Nord ; son extrémité Nord fait avec la direction de la méridienne géographique un angle plan que l'on appelle la *déclinaison* au lieu de l'expérience.

Si l'aiguille se meut dans un plan vertical qui est le méridien magnétique, le pôle Nord de l'aiguille pointe vers le sol dans nos régions et le plus petit des deux angles que fait la partie Nord avec l'horizontale est l'*inclinaison*.

CHAPITRE XXI

ÉLECTROMAGNÉTISME

134. Expérience d'Œrstedt. — Soit une aiguille aimantée mobile sur un pivot vertical et en équilibre dans le méridien magnétique (*fig.* 142). Disposons un fil métallique au-dessus de l'aiguille, parallèlement à sa direction ; dès que le fil est traversé par un courant, l'aiguille est déviée de sa position d'équilibre.

Ampère a repris les expériences du savant danois OErstedt et a formulé une règle qui permet de prévoir le sens

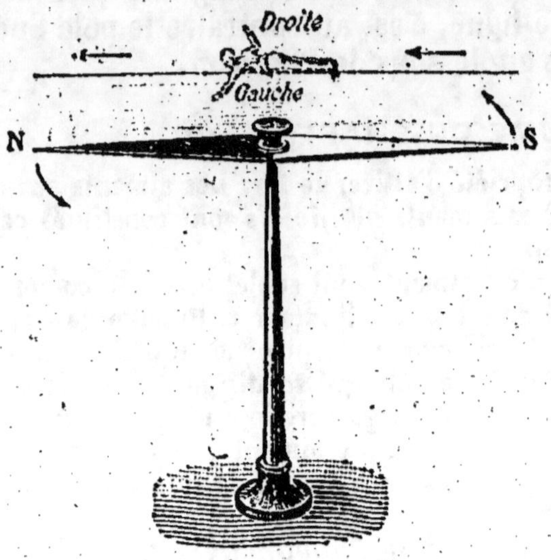

Fig. 142. — Expérience d'OErstedt.

de la déviation : *Si l'on suppose un observateur couché sur le conducteur dans une position telle que le courant lui entre par les pieds et sorte par la tête, l'observateur tournant la face vers l'aiguille verra toujours le pôle Nord dévié vers sa gauche.* On convient d'attribuer cette gauche au courant lui-même et l'on dit que le pôle Nord de l'aiguille se porte toujours à la gauche du courant.

L'expérience d'OErstedt a reçu une application directe dans la plupart des *galvanomètres,* instruments qui servent à constater l'existence des courants et à faire des mesures de comparaison d'intensités.

135. Champ d'un courant. — Il résulte de l'expérience d'OErstedt qu'un courant doit créer autour de lui un champ analogue à celui que produirait un aimant ; c'est ce que l'expérience vérifie.

Champ d'un courant rectiligne. — Faisons passer un courant dans un conducteur vertical AB (*fig*. 143) qui traverse

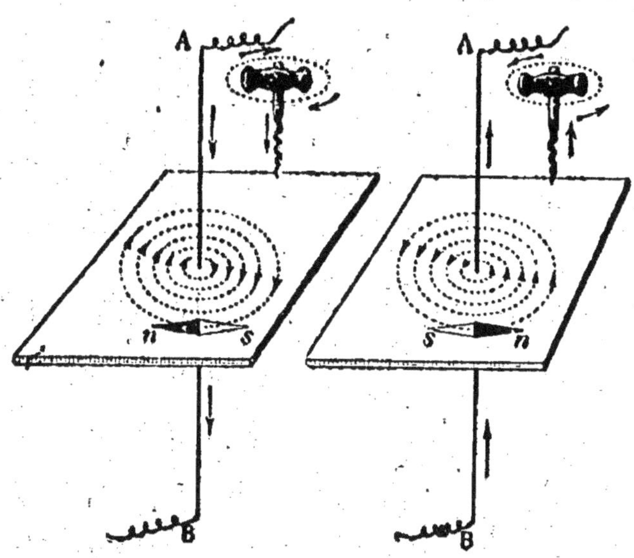

Fig. 143. — Champ d'un courant rectiligne.

une feuille de carton horizontale, et projetons de la limaille de fer sur la feuille. En facilitant le groupement des parti-cules de limaille par de légères secousses, nous les verrons former des circonférences concentriques à l'axe du fil conducteur. Ces circonférences figurent les lignes de force du champ du courant; elles deviennent de plus en plus rares à mesure que l'on s'éloigne du fil (*fig*. 144).

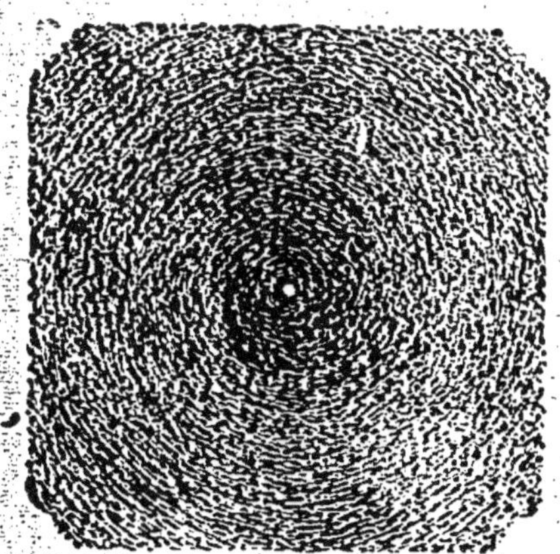

Fig. 144. — Aspect de la limaille de fer autour d'un courant recti-ligne (section perpendiculaire).

Le sens des lignes de force, c'est-à-dire le sens de la rotation d'une aiguille aimantée autour du courant (128), est donné par la règle suivante due à

Maxwell : le sens des lignes de force est celui dans lequel on doit faire tourner un tire-bouchon pour qu'il s'avance dans la direction du courant.

Champ d'un courant circulaire. — Soit un cadre circulaire fermé, perpendiculaire à une feuille de carton horizontale qu'il traverse suivant un diamètre en deux points A et B (*fig.* 145). Les lignes de force dessinées par la limaille sur la feuille sont des circonférences de plus en plus déformées. Leur sens s'obtient par la règle suivante : *Si l'on fait tourner le tire-bouchon parallèlement à l'axe et dans le*

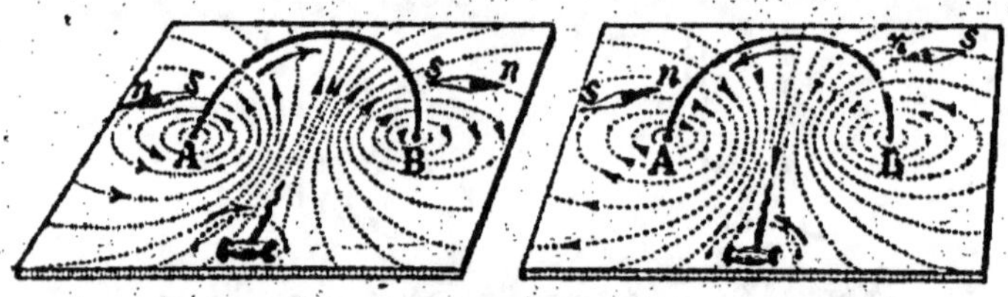

Fig. 145. — Spectre d'un courant circulaire.

sens du courant, le sens dans lequel il tend à progresser est celui des lignes de force à l'intérieur du cadre.

D'après cette règle, si le courant circule dans le sens des aiguilles d'une montre, le pôle Nord d'une aiguille aimantée mobile placée au-dessous du cadre dévie à gauche ; ce même pôle dévie à droite si le courant circule en sens inverse du mouvement des aiguilles d'une montre.

Les lignes de force ont, comme on le voit, la même forme que celle d'un aimant circulaire plat, sans épaisseur, dont une des faces serait un pôle Nord et l'autre un pôle Sud. Ce système a reçu le nom de *feuillet magnétique*.

Un feuillet magnétique et un aimant exercent entre eux les mêmes actions que deux aimants ; ils se repoussent ou s'attirent suivant la direction de leurs lignes de force mutuelles. Pour déterminer les pôles d'un feuillet magnétique, il suffit de remarquer qu'un observateur placé devant le pôle Sud voit le courant tourner dans le sens des aiguilles d'une montre.

SOLÉNOÏDES

136. Définition des solénoïdes. — *On donne le nom de solénoïde à un ensemble de courants de même sens, parallèles et équidistants, tous perpendiculaires à une même ligne appelée axe du solénoïde.*

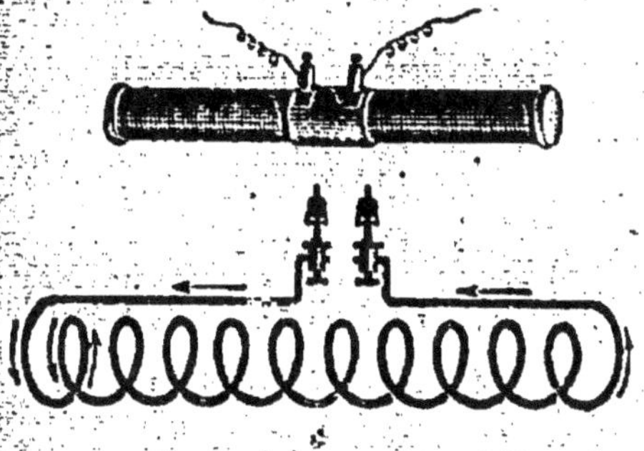

Fig. 146. — Solénoïde.

On réalise pratiquement un solénoïde en enroulant sur la surface d'un cylindre un fil conducteur en hélice à spires serrées (*fig.* 146) ; le fil est recouvert de soie pour empêcher les communications d'une spire à l'autre.

Champ d'un solénoïde. — Dans un plan passant par l'axe du solénoïde, le spectre présente une ressemblance frappante avec celui d'un aimant (*fig.* 147). A l'intérieur du solénoïde, les lignes de force forment un faisceau parallèle à l'axe et donnent un champ uniforme ; elles divergent aux extrémités et forment des courbes ondulées qui enveloppent de part et d'autre une des moitiés de la coupe du solénoïde. Plus les spires du solénoïde sont rapprochées, plus le spectre ressemble à celui d'un aimant droit ; aussi admet-on qu'à la limite il y aurait identité. Quant au sens

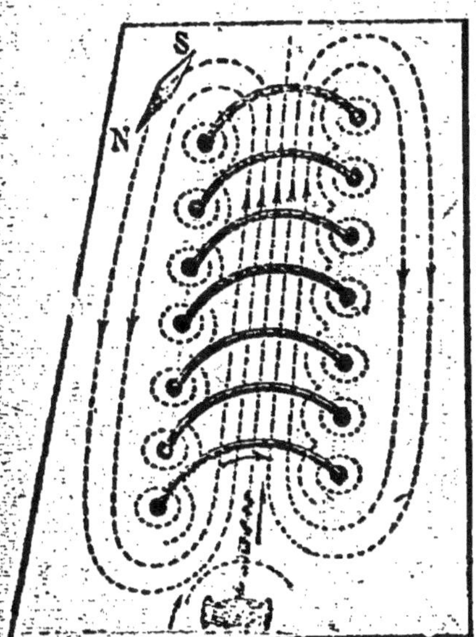

Fig. 147. — Disposition des lignes de force d'un solénoïde.

des lignes de force, il est encore donné par la règle du tire-bouchon de Maxwell : *si l'on suppose un tire-bouchon fixe dans le prolongement d'un solénoïde et qu'on le fasse tourner dans le sens du courant, le sens dans lequel il tend à progresser est celui des lignes de force.*

137. Propriétés des solénoïdes. — Les solénoïdes jouissent des mêmes propriétés que les aimants. Ainsi un solénoïde mobile (*fig.* 148), abandonné à lui-même, prend la direction de l'aiguille de déclinaison. L'extrémité du solénoïde par laquelle sortent les lignes de force se dirige vers le Nord ; on l'appelle le *pôle Nord* du solénoïde. Un observateur placé en face du pôle Nord

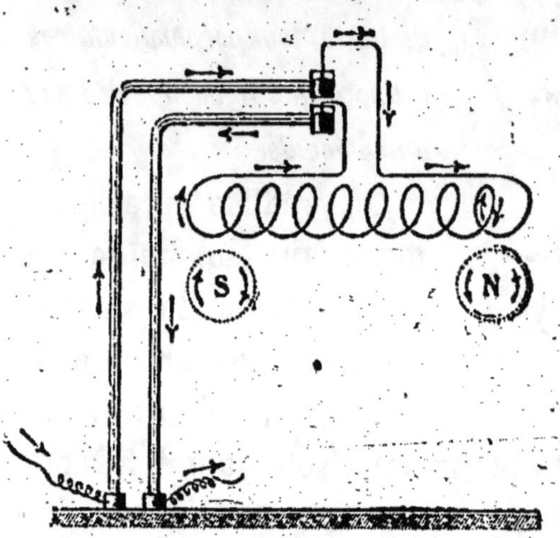

Fig. 148. — Orientation d'un solénoïde par la Terre.

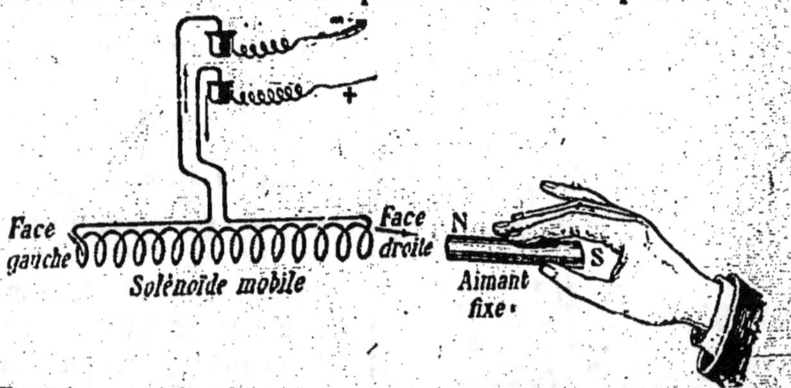

Fig. 149 — Action d'un aimant fixe sur un solénoïde mobile.

y voit le courant circuler en sens inverse du mouvement des aiguilles d'une montre.

On présente au pôle Nord d'un solénoïde mobile le pôle Nord d'un barreau aimanté tenu à la main; il y a répulsion (*fig*. 149). Si on présente le pôle Sud du barreau, il y a attraction.

Enfin, si l'on présente un courant parallèlement au-dessus d'un solénoïde mobile orienté dans le méridien magnétique, on voit le solénoïde se mettre en croix avec le courant, son pôle Nord à gauche.

RÉSUMÉ DU CHAPITRE XXI

Si l'on place un conducteur parcouru par un courant au-dessus d'une aiguille aimantée en équilibre dans le méridien magnétique, l'aiguille est déviée (expérience d'Œrstedt), et son pôle Nord se porte à la gauche du courant (règle d'Ampère).

Un courant crée autour de lui un champ analogue à celui d'un aimant. Si le courant est rectiligne, les lignes de force forment des circonférences concentriques à l'axe du conducteur; si le courant est circulaire, les lignes de forces sont des circonférences de plus en plus déformées.

Un solénoïde est un ensemble de courants circulaires parallèles, perpendiculaires à un même axe. Les solénoïdes se comportent comme les aimants.

CHAPITRE XXII

ÉLECTRO-AIMANTS. — TÉLÉGRAPHIE

138. **Aimantation par les courants.** — Pour aimanter un barreau de fer ou d'acier, on le place à l'intérieur d'un tube de verre creux sur lequel est enroulé en hélice un fil de cuivre traversé par un courant (*fig*. 150). Le sens des lignes de force ne dépend que du sens dans lequel le courant circule autour de l'axe ; il détermine le sens de

l'aimantation, le pôle Nord se formant à la sortie des lignes, le pôle Sud à l'entrée. On peut dire aussi que le pôle Nord se forme à l'extrémité de l'hélice où l'on voit le courant circuler en sens inverse du mouvement des aiguilles d'une montre. Si le barreau soumis à l'influence du courant est en fer doux, son aimantation cesse presque entièrement avec le courant. S'il est en acier trempé, l'aimantation persiste.

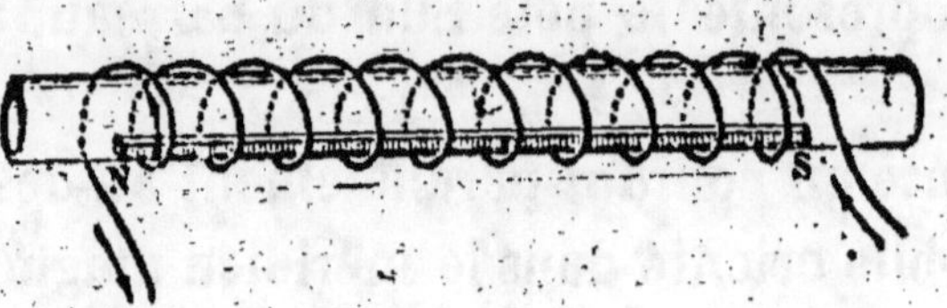

Fig. 150. — Aimantation d'un barreau de fer ou d'acier.

ÉLECTRO-AIMANTS

139. Définition. — *On donne le nom d'électro-aimants, ou simplement d'électros, à des aimants temporaires constitués par un noyau de fer doux sur lequel est enroulé en hélices superposées un fil de cuivre isolé.* Dès que le courant passe dans le fil conducteur, le noyau s'aimante, un pôle Nord prend naissance à une extrémité, un pôle Sud à l'autre extrémité. Si le fer est bien doux, l'aimantation cesse quand on interrompt le passage du courant.

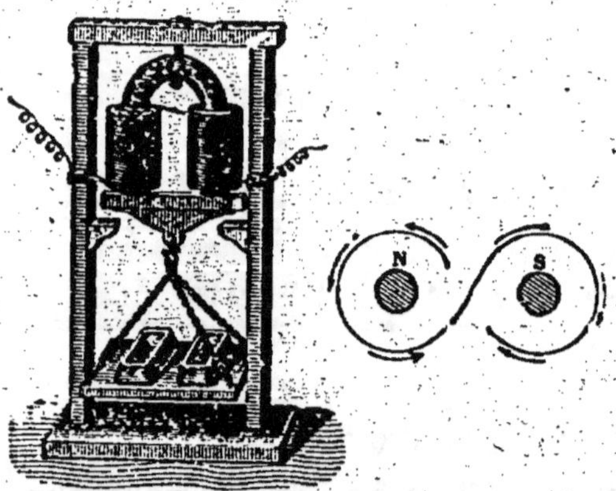

Fig. 151. — Électro en fer à cheval.

140. Différentes formes d'électro-aimants. — On rapproche ordinairement les deux extrémités du noyau de fer doux de manière à leur permettre d'agir simultanément. Le noyau peut être recourbé en *fer à cheval* (*fig.* 151). Le fil conducteur s'enroule alors sur chacune des extrémités et passe d'une branche à l'autre sans recouvrir la partie courbe. On règle le sens de l'enroulement de manière qu'en supposant le noyau redressé et les branches superposées par leurs faces supérieures, l'hélice de l'une soit la continuation de l'hélice de l'autre ; l'enroulement parait alors de sens contraires sur les deux branches à un observateur qui voit à la fois les deux extrémités.

On préfère quelquefois réunir deux noyaux parallèles par une traverse ou culasse de fer doux (*fig.* 152) ; le fil conducteur est enroulé sur chacun des noyaux. La construction de ces électro-aimants *à trois pièces* est plus simple que celle des électro-aimants en fer à cheval.

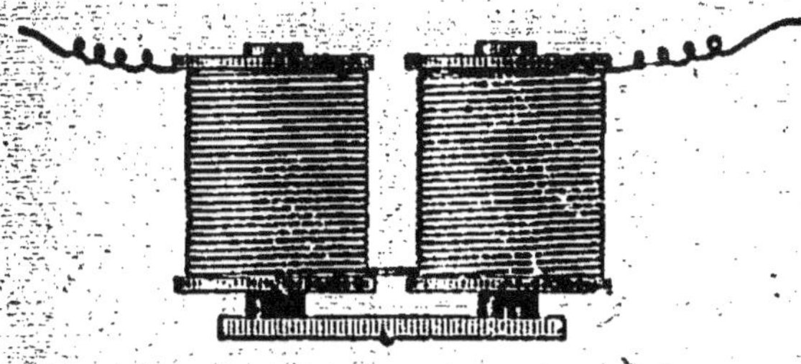
Fig. 152. — Électro à trois pièces.

141. Applications. — Les électro-aimants jouent un rôle essentiel dans les sonneries électriques, les télégraphes, les téléphones, les machines dynamo-électriques, les moteurs électro-magnétiques, les horloges électriques, les régulateurs de lumière électrique, etc. Outre qu'ils sont plus puissants que les aimants permanents, ils présentent sur ces derniers l'avantage d'être essentiellement temporaires, de n'exister que pendant le passage du courant. Cependant si le fer qui constitue les électro-aimants n'est pas absolument pur, l'armature ne se détache pas immédiatement après l'ouverture du circuit. On évite cet inconvénient soit en empêchant le contact entre les pôles et l'armature par un butoir, une feuille de papier ou une lame de cuivre, soit en ménageant une légère coupure dans le fer de l'électro.

Sonnerie électrique. — Le modèle le plus simple se compose d'un électro-aimant E dont le fil aboutit d'une part à une borne extérieure L (*fig.* 153), d'autre part à une pièce métallique horizontale P isolée, qui soutient l'armature A de l'électro-aimant par l'intermédiaire d'une lame flexible *l* faisant ressort. L'armature est prolongée par une tige munie d'un petit marteau qui vient se placer près d'un timbre. Enfin un ressort-lame R est vissé par son extrémité à l'armature ; son autre extrémité appuie contre la pointe d'une vis V reliée à une seconde borne T.

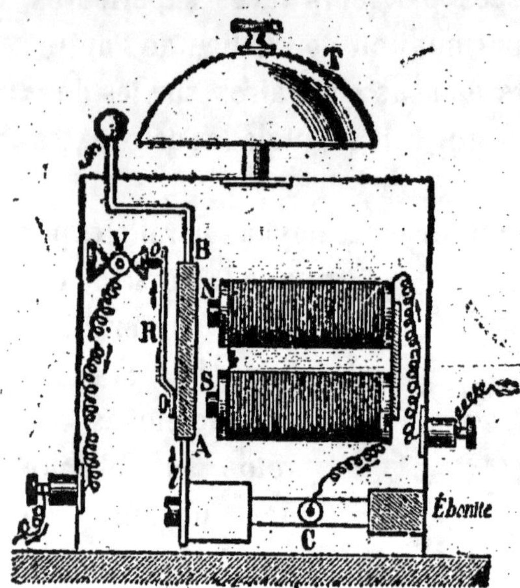

Fig. 153. — Sonnerie électrique (disposition schématique).

Le courant traverse successivement l'électro-aimant, la pièce métallique horizontale, l'armature, le ressort-lame et la vis V, puis s'échappe par la borne T. Mais l'électro-aimant devient actif et attire l'armature ; le ressort-lame se trouve ainsi séparé de la pointe de la vis V et le courant est interrompu. L'électro-aimant se désaimante alors et, l'armature reprenant sa position de repos, le ressort-lame revient au contact

Fig. 154. — Bouton d'appel.

de la vis ; le courant passe de nouveau et produit une nouvelle attraction, et ainsi de suite. L'armature décrit donc une série d'oscillations rapides et à chacune d'elles le marteau vient frapper sur le timbre. — Le fil qui amène le courant est interrompu en un point, et ses deux tronçons sont disposés de telle sorte qu'en appuyant sur un *bouton d'appel* (*fig*. 154), on ferme le circuit. La sonnerie fonctionne tant qu'on appuie sur le bouton.

TÉLÉGRAPHIE

142. Principe de la télégraphie électrique. — Soit à transmettre électriquement des signaux entre deux postes reliés par un fil conducteur. Plaçons en l'un d'eux une pile et un simple interrupteur permettant d'envoyer à volonté

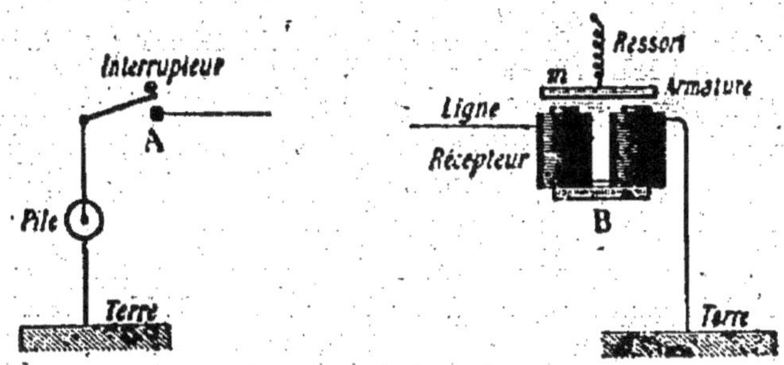

Fig. 155. — Principe de la télégraphie.

le courant dans le fil conducteur (*fig*. 155). Plaçons à l'autre poste un électro-aimant et une armature en fer doux maintenue à une petite distance par un ressort antagoniste. Lorsque le courant passe dans l'électro-aimant, l'armature est attirée, lorsque le courant est rompu, le ressort la ramène à sa première position. A chaque mouvement de l'interrupteur placé au premier poste correspond donc un mouvement semblable de l'armature placée au second.

Le plus souvent un seul fil réunit les deux postes. Le courant, issu d'un pôle de la pile, va se perdre dans la terre après avoir traversé l'électro-aimant. L'autre pôle est également mis en relation avec la terre.

Toute installation télégraphique comprend donc nécessairement :

1° Le *fil de ligne*, ligne conductrice réunissant les deux postes ;

2° Un *générateur de courant*, ordinairement des piles ;

3° Un *manipulateur* ou *transmetteur*, qui ouvre et ferme à volonté le circuit ;

4° Un *récepteur*, qui reçoit et enregistre mécaniquement les signaux.

Pour que les deux postes puissent se transmettre réciproquement des signaux, il faut les munir tous deux d'une pile, d'un transmetteur et d'un récepteur.

Outre ces organes essentiels, on utilise dans les installations télégraphiques des *sonneries* électriques, des *galvanomètres*, des *paratonnerres* pour préserver les appareils de la foudre, des *commutateurs* pour établir la communication de la ligne avec les différents appareils installés dans le poste, etc.

143. Appareil Morse. — L'appareil de l'Américain Morse imprime les signaux sous forme de traits et de points.

Manipulateur. — En principe, le manipulateur Morse se compose d'un levier métallique à poignée isolante (*fig.* 156),

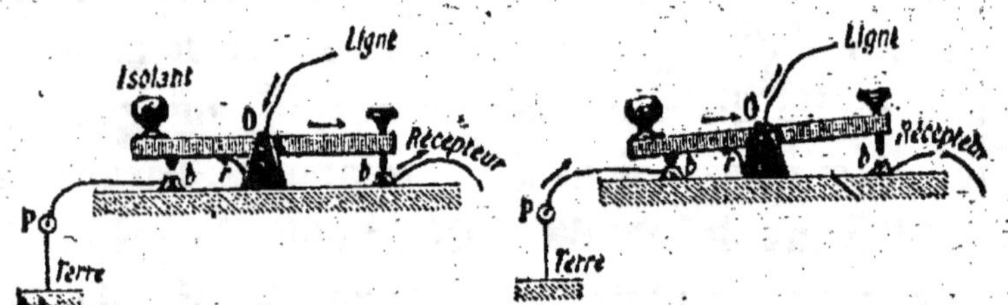

Fig. 156. — Principe du manipulateur Morse.

mobile autour d'un axe O relié à la ligne. Au-dessous des extrémités du levier se trouvent deux boutons dont l'un, *b*, communique avec le récepteur du même poste, et dont l'autre, *b'*, est relié au pôle positif d'une pile P. Au repos, le levier, maintenu par un ressort r, repose sur le bouton b, et l'on peut ainsi recevoir les signaux transmis par la ligne. Une pression exercée sur la poignée isolante surmonte l'action du ressort et amène au contact du bouton b' la partie antérieure du levier ; le courant de la pile P est ainsi envoyé dans la ligne, en même temps que la communication entre la ligne et le récepteur se trouve interrompue. Suivant qu'on appuie plus ou moins longtemps sur la poignée isolante, on produit une émission de courant ayant plus ou moins de durée ; *ces deux émissions, longue et courte, forment la base de l'alphabet Morse.*

Récepteur. — Le récepteur comprend deux parties bien distinctes : la partie mécanique et la partie électro-magnétique. La partie mécanique est constituée essentiellement par un mécanisme d'horlogerie qui a pour

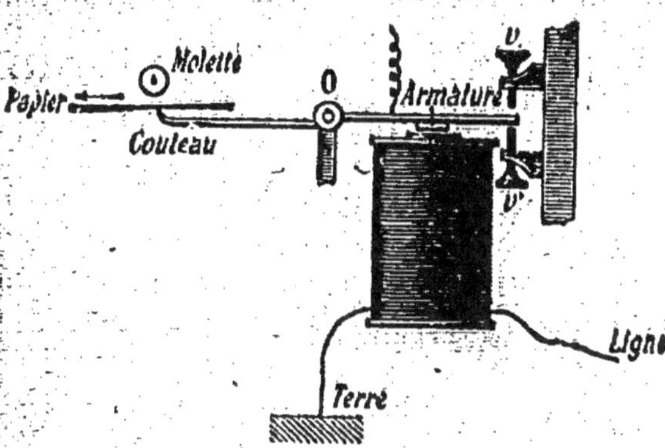

Fig. 157. — Parties essentielles du récepteur Morse.

but d'assurer le déroulement régulier d'une bande de papier destinée à l'impression des signaux. La partie électromagnétique se compose d'un électro-aimant et de son armature.

L'armature est une plaque de fer doux portée par un levier qui est mobile autour d'un axe horizontal O (*fig.* 157). L'extrémité gauche du levier, appelée *couteau*, vient, quand l'armature est attirée, c'est-à-dire quand le courant traverse l'électro-aimant, appuyer une bande de papier contre une molette imprégnée d'encre grasse. La molette imprime sur la bande un trait ou un point, suivant que l'attraction de l'armature a été longue ou

Alphabet		Chiffres		
Lettres	Signaux	Chiffres	Signaux	Forme abrégée
a		1		
b		2		
c		3		
d		4		
e		5		
f		6		
g		7		
h		8		
i		9		
j		0		
k		Barre de fraction }		
l				
m				
n				
o				
p				
q				
r				
s				
t				
u				
v				
w				
x				
y				
z				
oh				
wä				
é ou è				
î				
ñ				
ö				
ü				

Signes de ponctuation		Signaux
Point.............................	(.)	
Point et virgule........	(;)	
Virgule..............	(,)	
Deux points...........	(:)	
Point d'interrogation....	(?)	
Point d'exclamation.....	(!)	
Apostrophe...............	(')	
Trait d'union...........	(-)	
Guillemets...............	(« »)	
Parenthèses............	( )	
Alinéa..........................		
Souligné (avant ou apr. le mot ou le membre de phrase).. }		
Double trait..............	(=)	

Indications de service	Signaux
Appel (préliminaire de toute transmission)................	
Demande de répétition d'une transmission non comprise.	
Compris..	
Erreur...	
Attente..	

Fig. 158. — Signaux Morse.

courte. Les combinaisons de ces traits et de ces points constituent les signaux du télégraphe Morse. Lorsque le courant est rompu

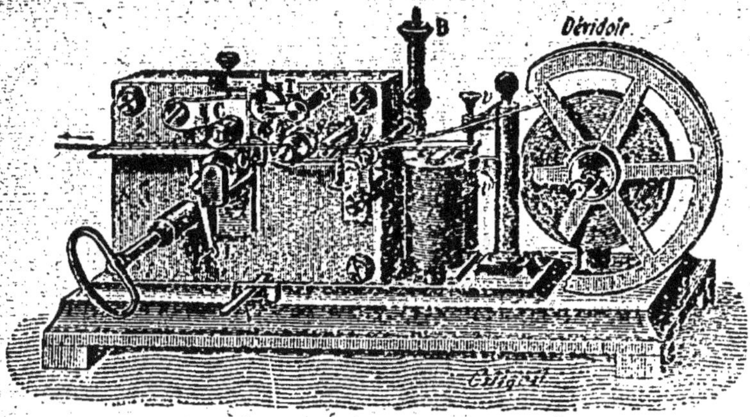

Fig. 159. — Récepteur Morse.

un petit ressort ramène l'armature à sa position primitive ; la course de l'armature est limitée par deux vis-butoirs v et v'.

La figure 159 représente un récepteur Morse ; la figure 158, l'alphabet Morse.

144. Lignes télégraphiques. — La ligne télégraphique est le conducteur qui relie entre eux les bureaux télégraphiques.

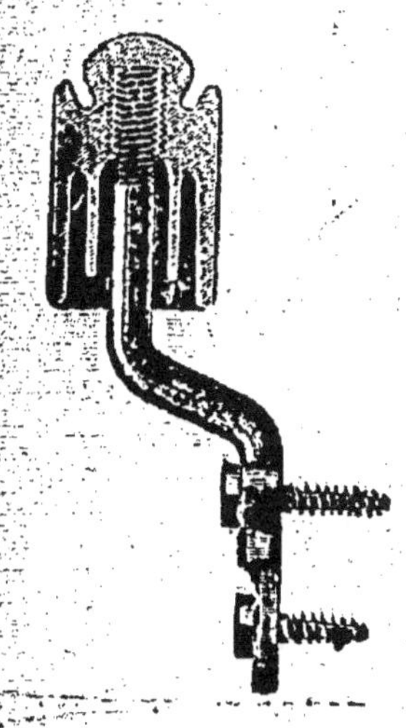

Fig. 160. — Isolateur à double cloche.

On appelle spécialement lignes *aériennes* les fils soutenus par des poteaux plantés le long des voies ferrées, des routes, etc., on emploie pour leur construction des fils de fer galvanisé ou des fils de bronze siliceux. Les isolateurs, qui soutiennent les fils et les préservent de tout contact avec les poteaux, sont en porcelaine. On emploie généralement l'isolateur *à double cloche* (*fig.* 160) ; le fil s'enroule autour de la gorge placée à la partie supérieure.

BASIN. — Phys. élém. II. 6

Quelques lignes télégraphiques sont *souterraines*, dans les grandes villes par exemple. On emploie pour leur construction de petits fils de cuivre tordus ensemble et recouverts d'un isolant à base de gutta-percha.

Enfin les lignes *sous-marines* sont constituées par des câbles

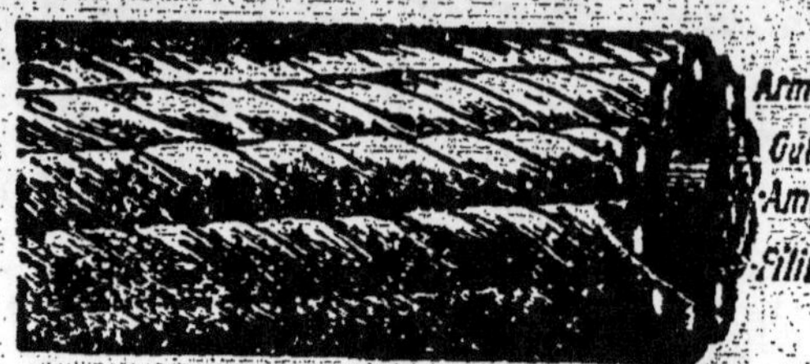

Fig. 161. — Câble sous-marin.

dont le centre est formé de fils de cuivre tordus ensemble. Ces fils sont recouverts de gutta-percha. Le tout porte un revêtement de filin goudronné, recouvert lui-même par une armature formée d'un certain nombre de fils d'acier enroulés en hélice (*fig.* 161).

RÉSUMÉ DU CHAPITRE XXII

Pour aimanter une substance magnétique, on l'introduit sous forme de barreau dans une hélice constituée par un fil de cuivre : dès que le courant traverse l'hélice, le barreau est fortement aimanté. L'aimantation est temporaire avec le fer doux, permanente avec l'acier. Les *électro-aimants* sont constitués par un noyau de fer doux sur lequel est enroulé en hélices superposées un fil de cuivre isolé. On leur donne différentes formes (électros en fer à cheval, à trois pièces). Ils ont une foule d'applications (sonneries, télégraphes, etc.).

Les organes essentiels d'un télégraphe électrique sont : une source électrique, un manipulateur qui ouvre et ferme à volonté le circuit extérieur, un fil de ligne, un récepteur destiné à recevoir les signaux. Le récepteur se compose principalement d'un électro-aimant et de son armature ; en envoyant dans le récepteur des courants différenciés par leur durée, le contact de l'armature avec l'électro-aimant sera plus ou moins long et l'on obtiendra ainsi des signaux différents avec lesquels on pourra créer un alphabet conventionnel.

L'*appareil Morse* imprime les signaux sous forme de traits et de points. Le manipulateur est un levier mécanique qui, au repos, relie la ligne au récepteur du même poste. En appuyant sur la tête isolante du levier, on envoie le courant dans la ligne ; en même temps, la communication de la ligne avec le récepteur du poste de départ est interrompue. Le récepteur comprend une partie électromagnétique (électro-aimant et armature de fer doux) et une partie mécanique (mécanisme d'horlogerie qui fait dérouler une bande de papier). Lorsque le courant passe dans l'électro aimant, l'extrémité du levier qui porte l'armature appuie le papier contre une roue imprégnée d'encre grasse.

La ligne télégraphique relie entre eux les bureaux télégraphiques. Pour les lignes aériennes, on emploie du fil de fer galvanisé ou du bronze siliceux.

CHAPITRE XXIII

INDUCTION ÉLECTROMAGNÉTIQUE

145. Définition. — *On appelle courants d'induction ou courants induits des courants temporaires qui prennent naissance dans des circuits fermés sous l'influence d'aimants ou de courants.*

146. Induction par un courant. — L'induction par un courant se démontre avec deux bobines de fil de cuivre recouvert de soie, pouvant être placées l'une dans l'autre (*fig.* 162). La première est la bobine *inductrice*; les deux bouts de fil communiquent

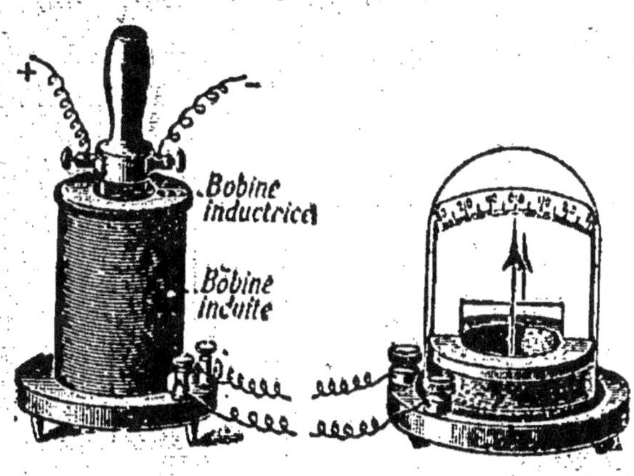

Fig. 162. — Induction par un courant.

avec une pile. La seconde est la bobine *induite*; elle est reliée à un galvanomètre (134).

1° Les deux bobines étant l'une dans l'autre, si l'on fait

passer le courant dans la bobine inductrice, l'aiguille du galvanomètre subit une impulsion, puis revient immédiatement à sa position d'équilibre. Le sens de cette impulsion indique que le courant produit dans la bobine induite est *inverse* du courant inducteur. L'aiguille demeure fixe aussi longtemps que le courant de la pile reste établi sans changement dans la bobine inductrice. Si on rompt ce courant, on a une impulsion égale à la première, mais de sens contraire. Le courant induit a alors le même sens que le courant inducteur ; il est *direct*.

2° La bobine inductrice étant parcourue par le courant de la pile, on la prend à la main et on la plonge brusquement dans la cavité de la bobine induite ; l'aiguille du galvanomètre est déviée et le sens de la déviation indique que le courant induit est *inverse* du courant inducteur. L'aiguille revient de suite à sa position d'équilibre et y reste tant que la distance des deux bobines reste constante.

Si on enlève brusquement la bobine inductrice, il se produit dans la bobine induite un courant induit *direct*.

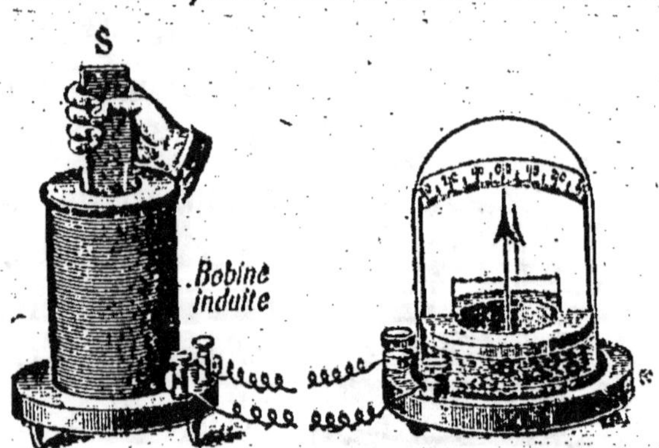

Fig. 163. — Induction par un aimant.

147. Induction par un aimant. — Soit une bobine creuse de fil métallique isolé, dont les extrémités sont reliées aux bornes d'un galvanomètre (*fig.* 163). Introduisons brusquement dans la bobine un fort barreau aimanté ; le galva nomètre accuse la production d'un courant induit. Tant que le barreau reste immobile dans la bobine, il ne se produit aucun courant. Si nous retirons vivement le barreau, le galvanomètre accusera un courant induit de sens contraire au premier.

148. Loi de Lenz. — Les expériences que nous venons de décrire montrent que le déplacement d'un circuit dans un champ ou le déplacement inverse produisent un courant dans ce circuit. Le sens du courant induit peut être déterminé à chaque instant en appliquant la loi suivante, connue sous le nom de loi de Lenz : *Le sens du courant induit est tel que ce courant s'oppose à chaque instant à la variation qui lui donne naissance.*

149. Courants alternatifs et courants continus. — Quand on opère par rapport à un inducteur deux déplacements inverses et égaux d'un circuit induit, les quantités d'électricité qui prennent naissance dans les deux cas sont égales, mais les courants induits sont de sens contraires. Supposons que, par un artifice mécanique, on produise une série de déplacements inverses et égaux de l'inducteur se succédant à des intervalles très rapprochés ; on obtiendra une série de courants égaux et de sens contraires qui se suivront presque sans interruption ; ce sont des courants *alternatifs.*

— Par l'emploi d'un commutateur convenablement disposé on peut amener tous ces courants à être de même sens dans la partie du circuit induit non soumise à l'induction ; on obtient ainsi un courant à peu près constant auquel on donne le nom de courant *continu.*

MACHINES ÉLECTROMAGNÉTIQUES

150. Définition. — Parties essentielles. — *On appelle machines électromagnétiques des machines qui transforment de l'énergie mécanique en énergie électrique par l'intermédiaire des actions réciproques des courants et des aimants et des phénomènes d'induction.*

Toute machine électromagnétique comprend deux parties fondamentales : l'*inducteur* et l'*induit*.

L'inducteur est destiné à produire le champ magnétique : il peut être contitué, soit par un aimant permanent et la machine est alors dite *magnéto-électrique*, soit par un électro-aimant et on a alors une machine *dynamo-électrique*.

L'induit est formé par la portion du circuit où se produisent les courants sous l'action du champ magnétique. Le type le plus employé est l'induit *à anneau*, dans lequel le fil est enroulé autour d'un anneau de fer doux.

151. Machine dynamo de Gramme. — La machine de Gramme peut être considérée comme le type de toutes les machines électromagnétiques à courant continu.

Fig. 164. — Dynamo de Gramme (disposition schématique de l'électro-aimant).

L'*inducteur* est un électro-aimant en fer à cheval formé de trois parties en fer doux (*fig.* 164). La partie inférieure s'appelle la culasse, les noyaux sont plantés dans la culasse et se prolongent vers le haut par deux pièces polaires échancrées pour entourer l'induit.

L'*induit*, connu sous le nom d'anneau de Gramme, comprend un anneau de fer doux autour duquel est enroulé le fil induit (*fig.* 165). Il est mobile autour d'un axe passant par son centre et perpendiculaire au plan de l'aimant. L'anneau, autrefois formé par un fil de fer doux recouvert d'un vernis isolant, enroulé sur lui-

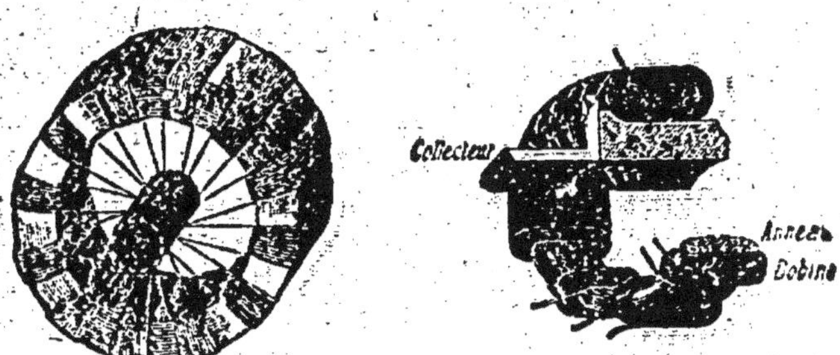

Fig. 165. — Anneau de Gramme.

même un grand nombre de fois, s'obtient maintenant par la superposition de couronnes de tôle mince isolées. Le fil induit qui recouvre cet anneau est partagé en sections ou

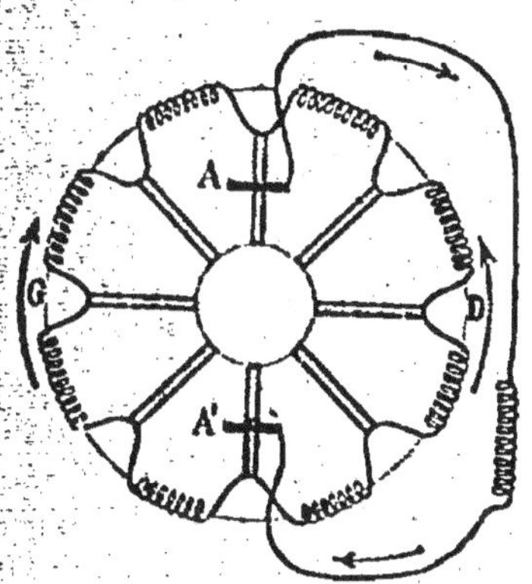

Fig. 166. — Sens des courants dans l'anneau de Gramme.

bobines distinctes.(*fig.* 166) placées les unes à côté des autres et réunies en série, le bout finissant de l'une étant soudé au bout commençant de l'autre, par l'intermédiaire d'une lame de cuivre. Il y a autant de lames que de bobines. Toutes ces lames sont disposées de manière à former un cylindre plein par leur groupement autour de l'arbre de rotation auquel est fixé l'anneau; elles sont isolées les unes des autres par des lames de mica et fixées sur un bloc de buis monté sur l'arbre de rotation. L'ensemble des lames et du bloc qui les supporte s'appelle le *collecteur.* Enfin deux ressorts frotteurs fixes, appelés *ba-*

lais, constitués par un faisceau de fils de cuivre, sont disposés aux extrémités du diamètre vertical du collecteur; ils servent à recueillir le courant lorsque la machine fonctionne comme générateur.

Dynamo Gramme comme moteur. — Réversibilité. — La dynamo de Gramme produit un courant quand on la met en mouvement (transformation d'énergie mécanique en énergie électrique); mais elle peut, réciproquement, transformer de l'énergie électrique en énergie mécanique; on exprime ce fait en disant qu'elle est *réversible.* Si on relie les balais avec les pôles d'une source fournissant un courant continu, il se produit entre les bobines et l'aimant des actions électromagnétiques (que nous étudierons plus tard) et qui mettent l'anneau en mouvement. L'anneau devient ainsi un *moteur* capable d'effectuer un certain travail, en entraînant par exemple divers appareils reliés à son axe par une poulie et une courroie. On dit que la machine fonctionne comme *réceptrice.* Le courant que l'on dirige dans l'anneau peut provenir soit d'une pile, soit d'une autre machine de Gramme que l'on appelle alors *génératrice.*

Machine Gramme comme générateur. — La machine de Gramme est disposée de manière à donner un courant qui circule toujours dans le même sens et dont l'intensité est pratiquement constante, ou, comme on dit, un courant *continu.*

Lorsqu'on fait tourner l'anneau, la théorie, que nous établirons plus tard, montre que toutes les bobines qui, à un moment donné, sont dans la demi-circonférence de droite D (*fig.* 166), sont parcourues par des courants induits de même sens, qui s'ajoutent et produisent un courant égal à leur somme. Les bobines de la demi-circonférence de gauche G sont aussi parcourues par un courant ascendant, égal à la somme des courants induits dans chacune d'elles. Si l'on réunit les points A et A' par un conducteur extérieur, celui-ci sera parcouru par un courant continu de A vers A' et égal à la somme des courants qui circulent dans les deux moitiés de l'anneau.

Les balais recueillent les courants développés dans l'anneau et jouent le rôle des pôles d'une pile ; le balai supérieur est le pôle positif ; le balai inférieur, le pôle négatif.

152. Considérations générales sur les dynamos. — Ce

Fig. 167. — Dynamo de Gramme (vue d'ensemble).

sont les véritables machines électromagnétiques industrielles (*fig.* 167), car les électro-aimants fournissent un champ magnétique beaucoup plus puissant que les aimants permanents, et d'autre part, elles sont, à égalité de puissance, beaucoup moins coûteuses que les magnétos.

Pour qu'une dynamo puisse fonctionner, il faut que son électro-aimant soit excité. Dans quelques cas spéciaux, on produit cette excitation par le courant d'une machine auxiliaire ou *excitatrice*; le circuit inducteur est alors complètement indépendant du circuit induit et la dynamo est dite *à excitation indépendante*. Le plus souvent on excite l'électro-aimant en y faisant passer une partie ou la totalité du courant produit dans l'induit lui-même; la dynamo est alors *auto excitatrice*.

Parmi les dynamos, les unes donnent des courants alternatifs; on les appelle des *alternateurs*. Les autres sont disposées de manière à donner un courant continu.

Applications. — Les machines dynamos peuvent être employées soit comme génératrices, soit comme réceptrices, et elles peuvent servir à la transmission de l'énergie mécanique à distance par l'électricité. On les emploie aussi pour l'éclairage électrique, la galvanoplastie, la galvanisation (dorure, argenture, etc.), l'extraction des métaux de leurs minerais ou leur purification, pour charger les accumulateurs, etc.

RÉSUMÉ DU CHAPITRE XXIII

L'induction par les *courants* se démontre avec deux bobines concentriques dont l'une est reliée à une pile (bobine inductrice), l'autre à un galvanomètre (bobine induite). Lorsque le courant de la pile commence, augmente d'intensité ou s'approche, il se développe dans la bobine induite un courant induit inverse; lorsque le courant de la pile finit, diminue d'intensité ou s'éloigne, il y a production d'un courant induit direct.

Pour démontrer l'induction par un *aimant*, on se sert d'un barreau aimanté et d'une bobine creuse reliée à un galvanomètre. Il se produit des courants induits quand on enfonce le barreau dans la bobine ou quand on l'en retire brusquement.

Dans tous les cas, le sens du courant induit est tel que ce courant s'oppose à chaque instant à la variation qui lui donne naissance (loi de Lenz).

Quand on opère par rapport à un inducteur une série de déplacements inverses et égaux d'un circuit induit, on obtient des courants *alternatifs* si on les recueille tels qu'ils se produisent ; on obtient un courant sensiblement *continu* si, à l'aide d'un commutateur spécial, on amène tous ces courants à être de même sens.

Toute machine électromagnétique comprend : 1° l'*inducteur*, constitué par un aimant (magnéto) ou un électro-aimant (dynamo) ; 2° l'*induit*, où se produisent les courants induits.

Dans la machine dynamo de Gramme, l'inducteur est un électro-aimant vertical terminé par deux armatures disposées de façon à embrasser la plus grande partie de l'induit.

L'induit est un anneau, formé d'un enroulement de fil de fer doux ou de couronnes de tôle superposées, autour duquel se trouve enroulé le fil induit, celui-ci étant formé d'un grand nombre de bobines distinctes mais dont les fils sont reliés de l'une à l'autre par une lame de cuivre.

L'ensemble des lames qui relient respectivement deux bobines consécutives est le collecteur.

Deux ressorts fixes (balais) sont disposés aux extrémités du diamètre vertical du collecteur ; ils servent à recueillir le courant lorsque la machine fonctionne comme générateur.

La machine de Gramme produit un courant quand on la met en mouvement, et, sous l'influence d'un courant, son anneau se met en mouvement : elle est réversible.

CHAPITRE XXIV

MESURES ÉLECTRIQUES PRATIQUES

---

153. Rappel des unités électriques pratiques. — Avant d'indiquer comment on effectue les mesures électriques dans la pratique, nous allons rappeler quelles sont les unités pratiques employées en électricité et donner deux définitions nouvelles.

L'*ampère* est l'unité d'intensité de courant. C'est l'intensité du courant constant qui, traversant un voltamètre à azotate d'argent, dépose l'argent à raison de $1^{mg},118$ par seconde.

L'*ohm* est l'unité de résistance. C'est la résistance opposée au passage d'un courant, à 0°, par une colonne de mercure ayant 1 millimètre carré de section environ (plus exactement, ayant une masse de $14^g,4521$) et une longueur de $106^{cm},3$.

Le *volt* est l'unité de force électromotrice. D'après la loi d'Ohm (106), le volt est la différence de potentiel qui existe entre les deux extrémités d'un conducteur dont la résistance est égale à un ohm, lorsque ce conducteur est traversé par un courant d'un ampère.

Le *joule* est l'unité de travail. Un kilogrammètre vaut à peu près 10 joules (exactement 9 joules 81).

Enfin la puissance d'un moteur qui fournirait un joule de travail par seconde est appelée *watt*, du nom du mécanicien écossais qui perfectionna la machine à vapeur.

Dans les calculs de consommation d'énergie électrique, on utilise constamment une unité secondaire, l'*hectowatt-heure*. C'est l'énergie consommée pendant une heure par une machine qui consommerait 100 watts, c'est-à-dire 100 joules par seconde. Un hectowatt-heure représente donc 360 000 joules ; un *kilowatt-heure*, 10 fois plus.

154. Ampèremètres. — *Les ampèremètres font connaître par une simple lecture la valeur en ampères de l'intensité du courant qui les traverse* ; ce sont les galvanomètres industriels.

Ampèremètres de Deprez et Carpentier. — Ils se composent

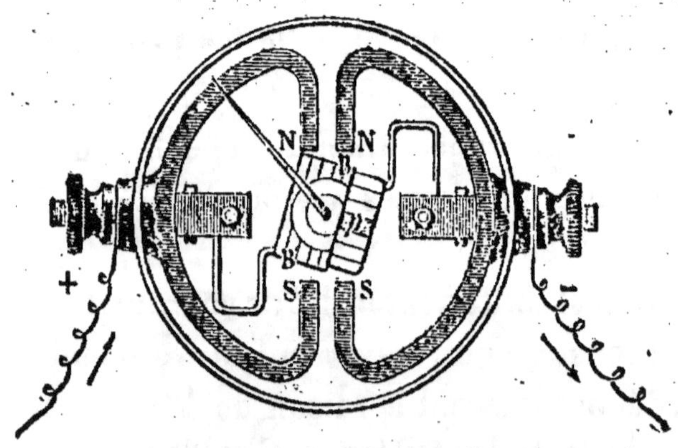

Fig. 168. — Ampèremètre.

de deux aimants demi-circulaires (*fig.* 168) entre les pôles desquels se trouve un solénoïde constitué par des lames de cuivre et dont l'axe est incliné sur la direction du champ des aimants. Ce solénoïde contient une palette de fer doux p mobile autour d'un axe perpendiculaire au plan de la figure et portant une aiguille indicatrice qui se meut sur un cadran marquant les ampères. Le fer doux dirige sa plus grande dimension selon la direction du champ magnétique résultant dû aux aimants et au solénoïde, qui tend d'autant plus à coïncider avec l'axe du solénoïde que le courant parcourant celui-ci est intense.

Ampèremètre Richard. — Cet ampèremètre enregistre automatiquement les variations d'intensité des courants qui le

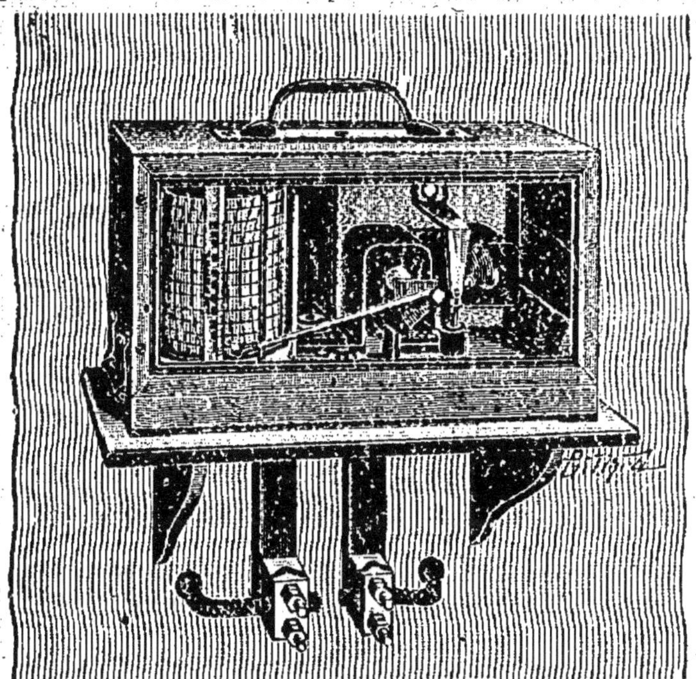

Fig. 169. — Ampèremètre enregistreur Richard.

traversent. Il se compose d'un électro-aimant (139) formé de noyaux de fer doux sur lesquels sont enroulées des lames de cuivre (*fig.* 169). Devant l'électro-aimant peut se mouvoir une sorte d'hélice à deux ailes en fer doux, portant un levier terminé par une plume appuyant sur un tambour recouvert de papier, et mû par un mouvement d'horlogerie. Lorsqu'un courant traverse l'électro-aimant, l'hélice, attirée par les noyaux de fer doux, tend à tourner autour de son axe ; mais comme elle est sollicitée en même temps et en sens contraire par un poids, elle finit par prendre une position d'équilibre qui dépend de l'intensité du courant.

155. Voltmètres. — *Les voltmètres sont des ampèremètres disposés de manière à mesurer des différences de potentiel.*

Soit à mesurer la différence de potentiel E ou, comme on dit, le *voltage*, entre deux points A et B d'un circuit parcouru par un courant (*fig.* 170). On établira entre ces deux points un fil conducteur (dérivation) contenant un ampèremètre V de grande résistance. Il ne passera par ce fil qu'une très faible partie du courant, et la

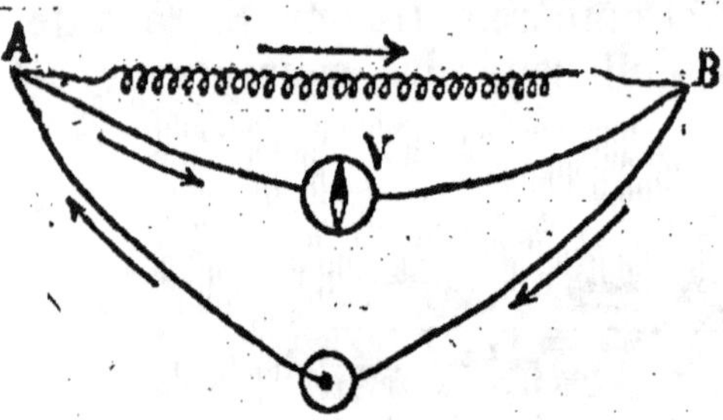

Fig. 170. — Principe des voltmètres.

différence de potentiel entre A et B restera à peu près la même. Si R est la résistance de l'ampèremètre (appelé dans ce cas un voltmètre), I l'intensité du courant qui le traverse, on a (106)

$$E = IR$$

et, par suite, les déviations de l'aiguille de l'ampèremètre, qui indiquent en réalité des intensités, indiquent aussi des différences de potentiel qui leur sont proportionnelles.

Les voltmètres ne diffèrent des ampèremètres que par la graduation. Il existe des voltmètres enregistreurs (*fig.* 171), disposés comme les ampèremètres enregistreurs (154) ; mais tandis que les ampèremètres sont toujours traversés par tout le courant dont on veut mesurer l'innsité, les voltmètres se placent sur un second circuit

Fig. 171. — Voltmètre enregistreur.

entre les deux points dont on veut déterminer le voltage.

156. Ohm-étalon. — Mesure pratique des résistances.
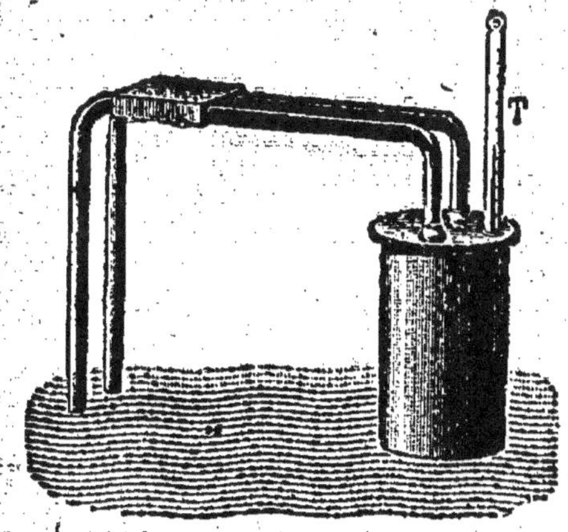
— D'après sa définition, l'ohm peut être réalisé matériellement comme le mètre. Mais un étalon construit avec du mercure serait d'un maniement peu commode, on fait plutôt des étalons en fil de maillechort. Le fil a une résistance équivalente à celle de la colonne de mercure qui constitue l'ohm ; il est enroulé autour d'une bobine noyée dans la paraffine (*fig.* 172).

Fig. 172. — Ohm-étalon.

On construit aussi des étalons multiples et sous-multiples de l'ohm, et on les groupe par ordre de grandeur, disposés de façon qu'en les combinant ensemble on obtienne un très grand nombre de valeurs (comme on fait pour les masses marquées qui accompagnent une balance); on a ainsi ce qu'on appelle une *boîte de résistances*.

Dans une boîte de résistances, les deux extrémités de chaque bobine sont fixées à deux masses de laiton, disposées sur une tablette isolante formant le couvercle de la boîte qui contient les bobines (*fig.* 173). L'intervalle que présentent

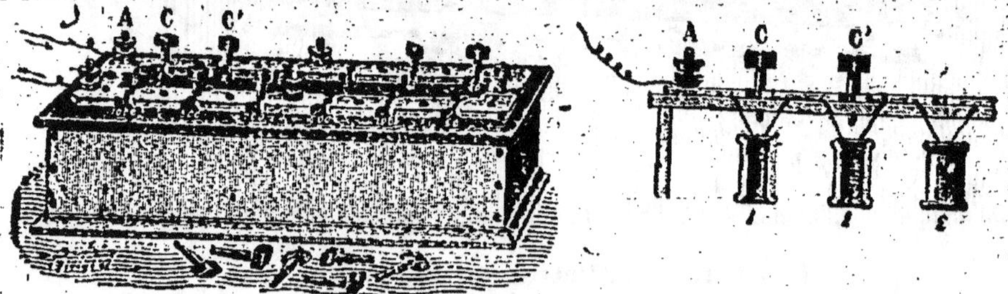

Fig. 173. — Boîte de résistances.

entre elles ces deux masses peut être fermé par une cheville de laiton à tête isolante. Quand toutes les chevilles sont en place, le courant ne rencontre aucune résistance, celle des masses de laiton étant négligeable. Quand on enlève une des chevilles, on introduit dans le circuit la résistance de la bobine correspondante.

On peut obtenir la résistance en ohms d'un conducteur en intercalant ce conducteur dans un circuit contenant un ampèremètre et parcouru par un courant d'intensité constante. On note la déviation de l'aiguille de l'ampèremètre, puis on remplace le conducteur par une boîte de résistances et on détermine, en enlevant des chevilles, le nombre d'ohms nécessaires pour que l'ampèremètre donne la même indication qu'avec le conducteur.

On peut aussi déterminer la résistance d'un conducteur en mesurant avec un ampèremètre l'intensité du courant qui traverse ce conducteur et avec un voltmètre la différence de potentiel aux deux extrémités de la résistance inconnue. La résistance cherchée est le quotient de ces deux quantités. Il existe d'ailleurs des *ohmsmètres*, c'est-à-dire des appareils qui donnent ce quotient par une simple lecture.

157. Puissance d'un courant. — Le travail que peut exécuter pendant chaque seconde un conducteur traversé par un courant s'appelle la *puissance* du courant. Il est égal au produit du nombre d'ampères par le nombre de volts et s'évalue en joules par seconde, c'est-à-dire en watts (153).

On obtient la puissance d'un courant en lisant l'intensité sur un ampèremètre intercalé sur le conducteur, puis la différence de potentiel sur un voltmètre mis sur une dérivation : en multipliant ces deux nombres l'un par l'autre, on a la puissance disponible en watts. Il existe des instruments, appelés *wattmètres*, qui donnent ou enregistrent directement la puissance en watts.

RÉSUMÉ DU CHAPITRE XXIV

L'ampère est l'intensité du courant qui dépose $1^{mg},118$ d'argent par seconde. L'ohm est la résistance d'une colonne de mercure de $106^{cm},3$ de longueur et 1^{mm2} de section. Le volt est la différence de potentiel qui correspond à une résistance d'un ohm et à une intensité d'un ampère. Le joule est l'unité de travail. Le watt vaut un joule par seconde.

Les ampèremètres font connaître par une simple lecture la valeur en ampères de l'intensité du courant qui les traverse.

Les voltmètres sont des ampèremètres disposés de manière à mesurer des différences de potentiel ; on les place sur un second circuit entre les deux points dont on veut déterminer le voltage.

Les ohms étalons se font en fil de maillechort ; on en construit des multiples et sous-multiples, que l'on groupe avec l'ohm dans des boîtes de résistances.

La puissance d'un courant est égale au produit des ampères par les volts ; elle s'évalue en watts.

CHAPITRE XXV

ÉLECTRICITÉ ATMOSPHÉRIQUE. — PARATONNERRE

158. Phénomènes généraux. — Lorsqu'un conducteur, isolé et à l'état neutre, est placé dans l'atmosphère en un lieu découvert et par un temps serein, il y subit une influence électrique ; il s'électrise *négativement* du côté du ciel et *positivement* du côté du sol.

Tout se passe donc dans l'atmosphère comme si la terre était électrisée négativement à sa surface ou comme si une charge positive existait à une grande hauteur dans l'atmosphère.

159. Électromètre de Saussure. — Pour étudier l'électricité atmosphérique, on emploie divers appareils dont le plus simple est l'électromètre de Saussure (*fig.* 174).

C'est un électroscope à feuilles d'or dont la monture qui supporte les feuilles est surmontée d'une tige en cuivre de 60^{cm} de hauteur, terminée par une pointe. Un chapeau métallique protège la cage en verre contre la pluie. Enfin un arc di-

Fig. 174. — Électromètre de Saussure.

visé, fixé sur les parois intérieures de la cage, permet de mesurer la divergence des feuilles d'or. Si l'on élève cet électromètre dans l'atmosphère, il se produit une divergence qui augmente avec la hauteur. Cette divergence est produite généralement par de l'électricité positive; une quantité égale d'électricité négative s'est écoulée par la pointe.

PHÉNOMÈNE DES ORAGES

160. Définitions. — Les orages sont des manifestations électriques temporaires produites par des nuages électrisés. Les nuages peuvent être électrisés positivement ou négativement. Les étincelles qui jaillissent entre deux nuages chargés d'électricités différentes se nomment *éclairs*. Lorsque l'éclair éclate entre un nuage orageux et le sol, on dit que la foudre *tombe*. Dans tous les cas, l'éclair est suivi d'un bruit plus ou moins fort dû à l'ébranlement de l'air et que l'on appelle *tonnerre*.

161. Éclairs. — Les éclairs comprennent un trait de feu

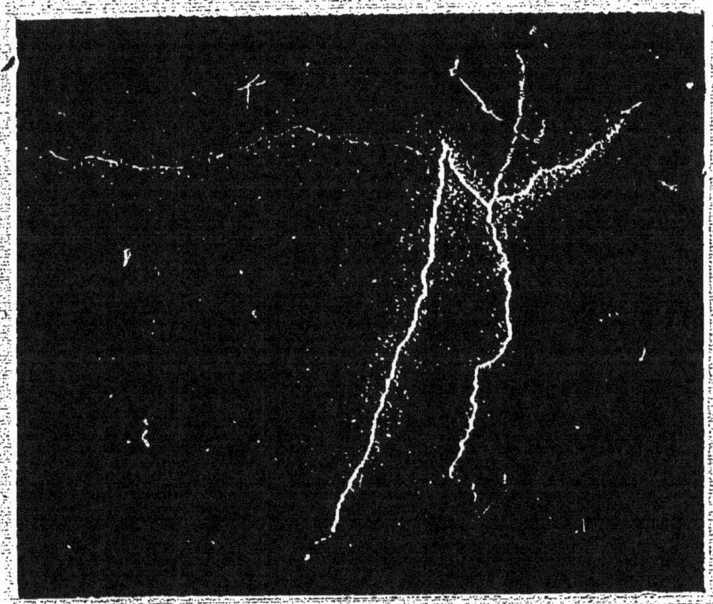

Fig. 175. — Image de l'éclair, d'après une photographie.

principal, accompagné souvent de très nombreuses ramifications (*fig.* 175). Leur lumière est blanche dans les régions inférieures de l'atmosphère, plus ou moins violacée dans les hautes régions où l'air est très raréfié.

L'étincelle qui constitue l'éclair a une durée très courte (à peine 1/1000 de seconde). Sa longueur peut atteindre 10^{km}. Lorsqu'elle éclate derrière un nuage ou au-dessous de l'horizon, le trait de feu se trouve masqué et l'éclair apparaît sous forme d'une lueur diffuse qui illumine subitement le ciel.

162. Tonnerre. — Le tonnerre est le bruit plus ou moins violent qui accompagne la décharge électrique. Il se fait entendre après qu'on a vu la lumière de l'éclair, car le son ne parcourt que 340^m par seconde environ, tandis que la lumière met un temps inappréciable à franchir cette même distance. Le tonnerre est sec et de courte durée quand on est près du lieu où se produit la décharge ; à une grande distance, il est d'abord faible, puis forme un roulement prolongé paraissant dû aux échos.

163. Effets de la foudre. — La foudre tombe lorsque l'attraction qui s'exerce entre les électricités répandues sur un nuage et sur le sol l'emporte sur la résistance de l'air.

Les effets des coups de foudre sont, aux proportions près, ceux que produisent les décharges électriques dans les laboratoires. Les corps mauvais conducteurs, comme le bois, la brique sont brisés, dispersés ; les combustibles sont enflammés ; les hommes, les animaux sont renversés, brûlés, parfois frappés instantanément de mort. Enfin en pénétrant dans le sol, la foudre fond souvent les matières siliceuses sur son passage et forme ainsi des sortes de tubes vitrifiés que l'on appelle des *fulgurites*.

PARATONNERRES

164. Définition. — *Les paratonnerres sont des appareils qui servent à protéger les édifices de la foudre.* Les principaux types sont le paratonnerre de Franklin et celui de Melsens.

Fig. 176. — Paratonnerre de Franklin.

165. Paratonnerre de Franklin. — Le paratonnerre de Franklin est une application du pouvoir des pointes. Il se compose d'une tige en fer, dressée sur l'édifice à protéger (*fig.* 176). Cette tige se termine à la partie supérieure par une pointe en cuivre doré (*fig.* 177),

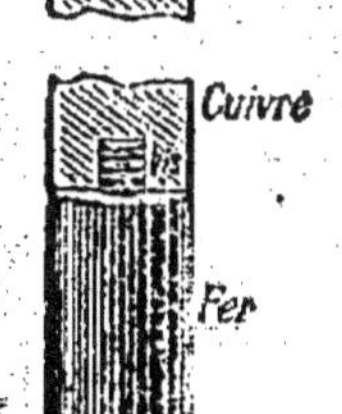

Fig. 177. — Extrémité d'un paratonnerre.

et communique avec le sol par des fils de fer. Ces fils sont reliés sur leur trajet aux pièces métalliques de l'édifice et se rendent dans l'eau d'un puits ou dans de la braise de boulanger, où ils se ramifient en plusieurs branches.

Lorsqu'un nuage orageux, électrisé négativement par exemple, se trouve au-dessus d'un paratonnerre, l'électricité positive développée par influence s'écoule par la pointe dans l'atmosphère et va décharger partiellement le nuage, qui devient ainsi moins dangereux. Si la foudre tombe malgré la pointe, elle frappe la tige du paratonnerre de préférence aux autres parties de l'édifice, et l'électricité s'écoule dans le sol par le conducteur sans aucun dommage pour l'édifice.

166. Paratonnerre de Melsens. — Le paratonnerre de Melsens repose sur ce principe que les corps placés à l'intérieur d'un conducteur communiquant avec le sol sont soustraits à l'influence des corps électrisés extérieurs. Il n'est pas nécessaire que le conducteur soit continu pour former ce qu'on appelle un *écran électrique*, un simple grillage suffit.

Fig. 178. — Paratonnerre de Melsens.

On réalise cette disposition en enveloppant l'édifice à préserver d'une sorte de vaste réseau de fils métalliques en communication parfaite avec le sol. Pour plus de sûreté on place sur le faîte, de distance en distance, des gerbes de petites pointes métalliques (*fig.* 178). Ces pointes jouent le rôle de petits paratonnerres et laissent écouler l'électricité développée par influence sur l'édifice.

RÉSUMÉ DU CHAPITRE XXV

Tout conducteur isolé, placé dans l'atmosphère par un temps serein, s'électrise négativement du côté du ciel et positivement du côté du sol.

Pour étudier l'électricité atmosphérique, l'appareil le plus simple est l'*électromètre de Saussure*. C'est un électroscope à feuilles d'or dont la tige est terminée en pointe. Si l'on élève cet instrument dans l'atmosphère, les feuilles divergent et cette divergence est due à de l'électricité positive.

Les orages sont produits par des nuages électrisés. Les éclairs sont des étincelles ramifiées qui éclatent soit entre deux nuages électrisés, soit entre un nuage électrisé et le sol. Le tonnerre est le bruit qui accompagne la décharge ; il n'est perçu que quelque temps après l'éclair parce que le son se propage beaucoup moins vite que la lumière.

Les *paratonnerres* protègent les édifices contre la foudre. Celui de Franklin se compose d'une tige en fer terminée par une pointe en cuivre doré et se rendant par des fils de fer dans l'eau d'un puits. Il repose sur le pouvoir des pointes.

TABLE DES MATIÈRES

BIBLIOTHÈQUE NATIONALE — IMPRIMÉS

ACOUSTIQUE

CHAPITRE I

Production et propagation du son.

Production du son 1
Milieux qui propagent le son 3
Vitesse du son dans l'air . 4
Propagation du son . . . 5
Résumé 7
Exercices 8

CHAPITRE II

Réflexion du son. — Qualités du son.

Réflexion du son 8
Échos 9
Intensité d'un son 10
Hauteur d'un son. — Diapasons 13
Timbre d'un son 14
Résumé 15
Exercice 15

OPTIQUE

CHAPITRE III

Propagation de la lumière en général.

Propagation de la lumière . 17
Ombres 18
Images données par les petites ouvertures . . 20

Vitesse de la lumière . . . 20
Résumé 21
Exercices 22

CHAPITRE IV

Étude de la réflexion. Miroirs plans.

Lois de la réflexion . . . 23
Diffusion 25
Miroirs plans 25
Résumé 29
Exercices 30

CHAPITRE V

Miroirs sphériques.

Miroirs concaves 32
Miroirs convexes 37
Résumé 38
Exercices 39

CHAPITRE VI

Réfraction de la lumière.

Réflexion totale 42
Principaux phénomènes dus à la réfraction . . 43
Réfraction dans les prismes 45
Résumé 48
Exercices 49

CHAPITRE VII

Lentilles.

Lentilles convergentes . . 50
Lentilles divergentes . . . 56

Résumé. 58
Exercices. 58

CHAPITRE VIII

Notions sur la vision.

Description de l'œil. . . 59
Formation des images sur
  la rétine. 61
Œil normal. 63
Œil myope. 63
Œil hypermétrope. . . 64
Œil presbyte. 65
Diamètre apparent. . . 65
Persistance des impres-
  sions lumineuses sur la
  rétine. 66
Résumé. 67

CHAPITRE IX

Principaux instruments d'optique.

Loupe. 68
Microscope. 70
Lunette astronomique. . 72
Lunette terrestre. . . 74
Lunette de Galilée. . . 76
Résumé. 77

CHAPITRE X

Dispersion de la lumière.

Spectre solaire. . . . 78
Explication de la disper-
  sion. 79
Recomposition de la lu-
  mière. 80
Couleur des corps. . . 81
Résumé. 82

CHAPITRE XI

Photographie.

Procédé au gélatino-bro-
  mure d'argent. . . 83
Photographie instantanée. 87
Applications de la photo-
  graphie. 87
Résumé. 88

ÉLECTRICITÉ

Électricité statique.

CHAPITRE XII

Phénomènes fondamentaux.

Production d'électricité
  par frottement et par
  contact. 89
Électroscope à feuilles
  d'or. 90
Distinction de deux es-
  pèces d'électricité. . 91
Quantité d'électricité. . 92
L'électricité réside à la sur-
  face des corps. . . . 94
Cylindre de Faraday. . 95
Pouvoir des pointes. . 95
Résumé. 97

CHAPITRE XIII

Influence électrique.

Électrisation par influence 97
Électrophore. 100
Application de l'influence
  à l'électroscope. . . 100
Résumé. 101

CHAPITRE XIV

Notion expérimentale du potentiel et de la capacité électrique.

Notion générale du poten-
  tiel. 102
Potentiel électrique. . 103
Unité pratique du poten-
  tiel. 106
Capacité électrique. . 107
Premières notions sur
  l'énergie électrique. . 107
Résumé. 108
Exercices. 108

CHAPITRE XV

Condensation de l'électricité.

Variations de la capacité
  électrique. 109
Condensateurs. . . . 110
Bouteille de Leyde. . 111
Résumé. 112

CHAPITRE XVI

Machines électrostatiques.

Machine de Ramsden.. . . 114
Machine de Wimshurst. . 116
Effets généraux des dé-
charges électriques.. . 117
Résumé.. 118

Électricité dynamique.

CHAPITRE XVII

Courant électrique.

Considérations générales. 119
Premières notions sur les
propriétés du courant
électrique. 120
Loi d'Ohm.. 123
Courants dérivés. . . . 124
Résumé.. 126

CHAPITRE XVIII

Piles. Accumulateurs.

Élément de pile.. . . . 126
Production du courant. . 127
Constitution d'un élément
de pile. 127
Élément Leclanché.. . . 128
Applications des piles. . 129
Accumulateurs. 129
Résumé.. 130
Exercices. 131

CHAPITRE XIX

Effets du courant.

Effets chimiques. . . . 131
Effets calorifiques. . . 135
Effets lumineux.. . . . 136
Résumé.. 138
Exercices. 139

CHAPITRE XX

Magnétisme.

Aimants. 140
Champ magnétique d'un
aimant. 141

Aimantation par influence. 112
Magnétisme terrestre. . . 144
Résumé.. 147

CHAPITRE XXI

Électromagnétisme.

Expérience d'OErstedt.. . 147
Champ d'un courant. . . 148
Solénoïdes.. 151
Résumé.. 153

CHAPITRE XXII

Électro-aimants. Télégraphie

Aimantation par les cou-
rants. 153
Électro-aimants.. . . . 154
Sonnerie électrique. . . 156
Télégraphie. 157
Résumé.. 162

CHAPITRE XXIII

Induction électromagnétique.

Induction par un courant. 163
Induction par un aimant. 164
Loi de Lenz. 165
Courants alternatifs et cou-
rants continus. . . . 165
Machines électromagné-
tiques. 166
Résumé.. 170

CHAPITRE XXIV

Mesures électriques pratiques.

Rappel des unités.. . . 171
Ampèremètres. 172
Voltmètres.. 174
Ohm. Résistances. . . . 175
Puissance d'un courant. . 177
Résumé.. 177

CHAPITRE XXV

Électricité atmosphérique.

Électromètre de Saussure. 178
Orages. 179
Paratonnerres. 181
Résumé.. 182

CHARTRES. — IMPRIMERIE DURAND, RUE FULBERT.

www.ingramcontent.com/pod-product-compliance
Lightning Source LLC
LaVergne TN
LVHW020205030726
842520LV00003B/888